Esa Horrible Geografía

AF825441

ESOS TURBULENTOS RÍOS

ANITA GANERI

Ilustrado por
Mike Phillips

EDITORIAL MOLINO

EDITORIAL MOLINO

ESA HORRIBLE GEOGRAFÍA

1 *Esos violentos volcanes*
2 *Esos inmensos océanos*
3 *Ese tiempo borrascoso*
4 *Esos turbulentos ríos*

Título original: *Raging Rivers*
Publicado por primera vez en el Reino Unido
por Scholastic Ltd. en 2000
Traducción: Conchita Peraire del Molino

Publicado en lengua castellana por
EDITORIAL MOLINO
Calabria 166, 08015 Barcelona
Dep. Legal: B. 38.469/2000
ISBN: 84-272-2154-1

Impreso en España Printed in Spain

LIMPERGRAF, S. L. — Mogoda, 29-31 — Barberà del Vallès (Barcelona)

SUMARIO

Otras series publicadas

ESA GRAN CULTURA

1 *Ese increíble arte*
2 *Esa alucinante música*
3 *Esas geniales películas*
4 *Esa fascinante moda*
5 *Esa pasmosa arquitectura*
6 *Esos estúpidos ordenadores*
7 *Esos extintos dinosaurios*

ESA HORRIBLE HISTORIA

1 *Esos supergeniales griegos*
2 *Esos asombrosos egipcios*
3 *Esa bárbara Edad Media*
4 *Esos temibles aztecas*
5 *Esos degolladores celtas*
6 *Esos siniestros castillos y sus nobles caballeros*
7 *Esos ruidosos revolucionarios*
8 *Esa salvaje Edad de Piedra*
9 *Esa espantosa Primera Guerra Mundial*
10 *Esos fieros vikingos*
11 *Esa deplorable Segunda Guerra Mundial*
12 *Esos depravados romanos*

ESA HORRIBLE CIENCIA

1 *Sangre, huesos y otros pedazos del cuerpo*
2 *Esa caótica química*
3 *Esa repelente naturaleza*
4 *Esas funestas fuerzas*
5 *Esa inmensa galaxia*
6 *Esas mortíferas mates*
7 *Esa repugnante digestión*
8 *Esos insoportables sonidos*
9 *Esos asquerosos bichos*
10 *Más mortíferas mates*
11 *Evoluciona o muere*
12 *Esas perversas plantas*
13 *Esa deslumbrante luz*
14 *Esas endiabladas mates*
15 *Ese voluminoso cerebro*
16 *Esa electrizante electricidad*
17 *Esos sufridos científicos*
18 *Esas insignificantes fracciones*
19 *Esas exasperantes medidas*

INTRODUCCIÓN...

La Geografía está llena de horribles sorpresas. Para empezar, tomemos como ejemplo el estudio de los turbulentos ríos. Estás sentado tan tranquilo en tu clase, dando cabezadas antes de dormirte, mientras la voz de tu profesor de geografía sigue y sigue...

* Es la palabra técnica que designa el fondo arenoso de los ríos.

Tú cierras los ojos y empiezas a soñar... Estás sentado sobre la hierba de la orilla de un río, con un refresco en una mano y una caña de pescar en la otra. Una delicia. El sol brilla, los pájaros cantan, la geografía no parece tan aburrida después de todo. ¡Qué maravilla!

De repente, tu sueño se vuelve desagradable. Muy desagradable. Ahora estás de pie bajo la lluvia, metido en el barro hasta las rodillas. Te sientes como una rata a punto de ahogarse. ¡Qué pesadilla! Sí, tu profesor te ha llevado a una excursión geográfica por el campo y es HORRIBLE.

Tan horrible que te alegras de despertar y encontrarte otra vez en tu clase de geografía. Puede resultar aburrida, pero por lo menos estás seco.

Pero no todo en geografía es húmedo e incómodo. Algunas cosas son muy emocionantes e interesantes. Prueba este sencillo experimento: sonríe con dulzura a tu mamá, papá o tutor, y diles que vas a darte un baño. No esperes contestación, se quedarán mudos de asombro. Ve al cuarto de baño y abre los grifos. ¿Cuánto tiempo tarda en llenarse la bañera? ¿Unos diez minutos? Ahora trata de imaginar 200 MILLONES de grifos manando agua. Es la cantidad que se necesita para igualar al asombroso Amazonas, el más caudaloso río de la Tierra.

(Vuelve al cuarto de baño, quita el tapón de la bañera, envuélvete en la toalla y finge haberte dado un buen baño. Tus mayores quedarán impresionados.)

Y esto es de lo que trata este libro: de los turbulentos ríos, suficientemente largos como para dar la vuelta al mundo, lo bastante erosivos como para excavar valles de un kilómetro y medio de profundidad, irascibles hasta el punto de inundar ciudades enteras y con imponentes cascadas, altas como la Torre Eiffel. En *Esos turbulentos ríos* podrás:

- Explorar los grandes ríos del mundo, acompañado de Trotamundos, tú intrépido guía.

- Aventurarte por los saltos de agua de más altura.

- Pescar y guisar una piraña para comértela (cuidado con los dedos).

- Aprender a sobrevivir en una inundación (contra todo pronóstico).

Ésta es una geografía que no se parece en nada a la de antes. Y por supuesto que no es aburrida. Todo lo que has de hacer es ir pasando las páginas. Ni siquiera tienes que mojarte. A menos, claro, que dejes caer este libro en la bañera.

El salvaje Oeste por el río

Las asombrosas aventuras de Lewis y Clark, Washington D.C., EE UU, 1803

Los dos jóvenes que habían sido llamados al despacho del presidente Thomas Jefferson se estremecieron ligeramente, a pesar de que en la habitación no hacía frío. Les acababan de encomendar la misión más importante de su vida: dirigir la primera expedición oficial a través del Salvaje Oeste de EEUU en busca de una ruta fluvial hasta el océano Pacífico.

La idea de Jefferson era abrir aquellos territorios al comercio y la colonización para hacer unos EE UU más ricos y poderosos. Pero había un problema: eran tierras inexploradas hasta entonces, nadie sabía qué peligros les aguardaban o si lograrían regresar, algo como para estremecer a cualquiera. El presidente Jefferson les estrechó la mano y les deseó buen viaje y buena suerte. A él no le importaba lo que dijeran los demás. Estaba seguro de haber encontrado a los hombres adecuados para la empresa.

Los dos hombres en cuestión eran el gallardo capitán Meriwether Lewis, secretario privado del presidente, y un viejo amigo de Lewis, el teniente William Clark. Ambos eran jóvenes, fuertes, valientes y guapos. Tenían que ser todas esas cosas. (De acuerdo, ser guapo no era imprescindible.) Iba a ser un periplo largo y duro. Lewis y Clark pronto trazaron entre ambos un osado plan. Viajarían remontando el río Missouri hasta donde pudieran, cruzarían las Montañas Rocosas y luego seguirían por el río Columbia hasta el Pacífico. ¡Facilísimo!

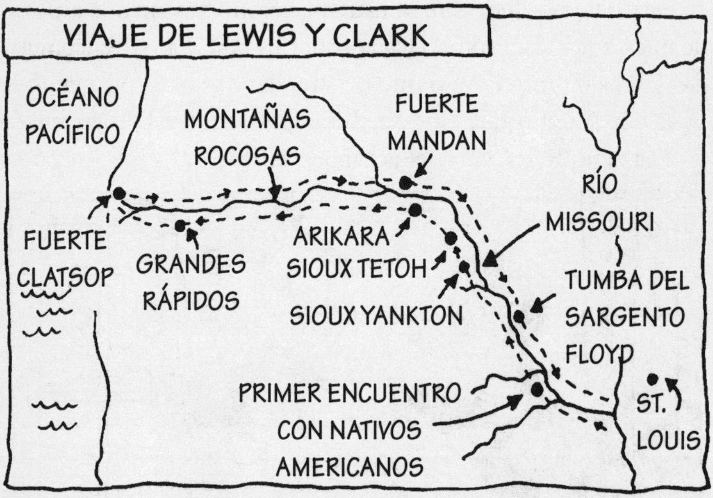

Pasaron el invierno preparándose para la expedición. No iban a viajar solos, les acompañarían un grupo de 43 hombres, la mayoría soldados, a quienes se les había dado el pomposo nombre de Cuerpo del Descubrimiento. También llevaban seis toneladas de víveres (cuando se acabasen, tendrían que cazar para comer), armas, medicinas, equipo científico y regalos para los nativos.

Todo esto fue cargado en tres botes reforzados: una barcaza y dos canoas. Eran cruciales. Sin buenas embarcaciones, su destino era hundirse o nadar.

Por fin, el lunes 14 de mayo de 1804, todo estaba a punto. Se hizo un sólo disparo como señal de que partía la expedición de la ciudad de St. Louis a orillas del río Missouri. Iban a transcurrir dos años y medio antes de que regresaran a sus hogares. Desde St. Louis siguieron por el poderoso río Missouri en su serpentear hacia el oeste, a través de verdes valles donde pacían enormes rebaños de búfalos. Durante cinco meses progresaron río arriba con sus embarcaciones, observando el mundo, un paseo muy agradable. El único contratiempo eran los enjambres de mosquitos que zumbaban constantemente alrededor de sus cabezas. Muy molesto.

En octubre, llegaron al territorio de los indios Mandan. Fueron recibidos calurosamente y decidieron pasar allí el invierno puesto que el río pronto quedaría cubierto de hielo.

El invierno de 1804-1805 fue muy largo, muy frío y muy aburrido. Algunos días la temperatura bajó hasta unos congelantes –40 °C. Los miembros de la expedición permanecían cómodos y calientes (pero aburridos) en el interior de sus cabañas de troncos. Hacía demasiado frío para arriesgarse a salir de aquellas cuatro paredes.

Al llegar el mes de abril, todos se alegraron de ponerse otra vez en marcha. Sin embargo, había un pequeño inconveniente: hasta ahora habían podido seguir la ruta guiándose por algunos mapas rudimentarios, pero, a partir de allí, no había mapas ni el más simple bosquejo. Lo que se extendía ante ellos era territorio desconocido. Sin mapas, Lewis y Clark no tenían idea de lo que les esperaba: si tendrían que escalar montañas, vadear ríos o abrirse camino a través de la espesa vegetación. No sabían nada. ¡Y lo único que cabía esperar era que avanzasen en la dirección adecuada!

Pero Lewis y Clark no estaban preocupados. Contrataron a un guía indio de la localidad para que les ayudara, alguien que conocía el terreno, y continuaron río arriba hacia las Montañas Rocosas. Ahora llegaba la parte peor del viaje. Cruzar las montañas era terriblemente difícil. Se les acabaron las provisiones y hacía mucho frío por la noche. Todo lo que podían hacer era apretar los dientes para evitar el castañeteo y seguir subiendo.

Su valor obtuvo la muy merecida recompensa. Al otro lado de las montañas, aparecieron amplias llanuras y el río Columbia. Finalmente, el 7 de noviembre de 1805, descendieron navegando por el río hasta llegar a la desembocadura. Habían alcanzado el océano Pacífico y su viaje había finalizado con éxito.

En la primavera siguiente, emprendieron el viaje de regreso, llegando a St. Luis el 23 de setiembre de 1806. Lewis y Clark fueron recibidos como héroes. Todo el mundo se alegró de volver a verlos, puesto que se les había dado por muertos. Habían recorrido 7000 km, la mayoría en canoa. Habían tenido que habérselas con osos pardos y serpientes de cascabel, y luchar contra la congelación, el miedo y el hambre. Incluso Lewis había recibido un disparo en una pierna de alguien que le confundió con un ciervo. ¡Es cierto! A pesar de todo, sólo un hombre del equipo había muerto, probablemente de apendicitis. La expedición había sido un éxito extraordinario. Cierto que su ruta fluvial no era muy práctica. Para quien no fuese un explorador valiente, era demasiado larga y peligrosa (muchos norteamericanos murieron después siguiendo los pasos de Lewis y Clark en busca de nuevas tierras donde comerciar, pero los más sensatos iban por tierra y en carretas), aunque geográficamente la expedición hubiese sido todo un éxito. Los diarios de expedición de Lewis y Clark estaban llenos de mapas, bocetos y notas acerca de los ríos por los que habían navegado y de las gentes que habían conocido (tomaban nota absolutamente de todo. Es lo que suelen hacer los geógrafos), lugares y gentes que los geógrafos no habían visto hasta entonces.

ARRASTRADOS POR LA CORRIENTE

Claro, que Lewis y Clark no fueron los primeros en darse cuenta de lo terriblemente útiles que pueden ser los ríos. Los utilizaron para trasladarse de A a B, pero la gente había estado bebiendo sus aguas, lavándose y pescando en ellos y, desde luego, ensuciándolos durante años y años.

Los romanos incluso construyeron una ciudad en un río. Según la leyenda, la ciudad de Roma fue construida por dos hermanos llamados Rómulo y Remo. Eran gemelos idénticos. Su madre era la sacerdotisa Rea Silvia. Su padre era Marte, el dios de la guerra. Hasta aquí bien. Pero el único garbanzo negro de aquella familia feliz era su malvado tío abuelo, el rey Amulio.

* Palabra romana para conseguir una sonrisa en lugar del inglés «cheese» o del español «luis».

Al tío abuelo Amulio le preocupaba que un día, cuando los gemelos fuesen mayores, intentaran arrebatarle el trono. De modo que los metió en una cesta y los lanzó al turbulento río Tíber. Al mismo tiempo que salvaba su real piel, se ahorraba una fortuna en regalos de cumpleaños.

Los gemelos descendieron por el río hasta detenerse al pie de la colina del Palatino. Allí los encontró una loba, pero, en vez de devorarlos, los llevó a su casa y los crió hasta convertirlos en unos jóv... lobos bien educados.

Más tarde, los recogió un pastor simpático. (Tuvieron que prometerle que no perseguirían a sus ovejas.) Pero nunca olvidaron su feliz infancia como lobos y decidieron construir, para su madre loba, una espléndida ciudad al pie de la colina donde los había encontrado, para cuando se retirara.

Comenzaron a edificar, pero en seguida las cosas se complicaron. ¡Rómulo y Remo discutieron por la altura de una pared! Verás, Rómulo construyó la muralla para defender la ciudad de los ataques enemigos, pero Remo dijo que era inútil, que era demasiado baja para detener a nadie. Y para demostrarlo saltó por encima.

Rómulo estaba furioso. ¿Hizo las paces con su gemelo? No. Rómulo desenvainó su espada y lo mató. Y entonces puso su nombre, Remo, a la ciudad de la orilla del río.

De manera que si crees en las leyendas, Roma fue edificada junto al río Tíber por dos gemelos criados por una loba caritativa. Muy verosímil.

Broma para la profesora

Deslumbra a tu profesora hablando del río como los romanos:

¿Qué es lo que ha hecho Pérez?

Respuesta: Traducido toscamente significa: «Oh, señorita, mire, Pérez se ha caído al río!» Fluvial es la palabra técnica para nombrar todo lo relacionado con los ríos. Viene del latín, la antigua lengua de los romanos amantes (o no) de los ríos.

¿Qué diantres es un río turbulento?

Algunas partes de la geografía son muy difíciles de entender. No te preocupes, podemos descartarlas. Este libro trata de otras cosas, unas que van a convertirte en un geógrafo genial sin el menor esfuerzo. Por ejemplo, de los ríos turbulentos. Tu profesora puede tratar de atiborrarte con toda clase de datos aburridos y confusos acerca de los ríos. No le hagas caso. Sólo intenta darse importancia. ¡Patético, eh! La verdad desnuda es que el río es una corriente de agua dulce (significa que no contiene sal como el mar) que fluye por la tierra. ¡Sencillísimo!

Dato curioso

Un nombre mejor para nuestro planeta sería Planeta Agua. ¿Por qué? Bien, unas tres cuartas partes de la Tierra están cubiertas de agua. La mayoría (un 97%) es salada y llena los océanos y los mares. El resto se llama agua dulce. En parte está congelada en los casquetes polares y los glaciares, o fluye por debajo de tierra. De modo que no queda mucha para los ríos. De hecho, de toda el agua del Planeta Agua, menos de un escaso 1% discurre por los ríos. Míralo de este modo: si pudieras meter toda el agua de la Tierra en un cubo grande, menos de una cucharadita sería el agua de los ríos. ¡Asombroso!

Agua en el cerebro

Tú puedes pensar que el sabroso batido de chocolate es el líquido más útil y precioso de la Tierra. Pero te equivocas de medio a medio. Podrías sobrevivir durante semanas sin un batido, pero sin agua para beber, en pocos días estarías tan difunto como un dinosaurio. ¿Y de dónde viene toda esa agua? De los turbulentos ríos, claro. Los ríos pueden ser sólo un 1% del agua terrestre, pero ese uno por ciento es agua fresca que, cuando está bien depurada, podemos beber.

La primera persona que estudió el agua en serio (bueno, en todos sus aspectos) fue un científico británico, Henry Cavendish (1731-1810). Cavendish había nacido en Niza, Francia, pero pasó la mayor parte de su vida en Londres. Ahora bien, el simpático Henry era un tipo más bien solitario. Vivía con su padre, hasta que éste murió, y apenas salía. Bueno, tú tampoco habrías salido si tuvieras el mismo concepto de la elegancia de Cavendish. Su atuendo favorito era un traje morado pasado de moda, con chorreras y puños haciendo juego, rematado con un sombrero tricornio muy raído. Tenía un aspecto horrible. No es de extrañar que no tuviera muchos amigos. Y por supuesto, nada de novias. En realidad, ni siquiera permitía que las chicas pusieran un pie en su casa. Pensaba que ejercían malas influencias.

Afortunadamente, Cavendish tenía un don. Era un verdadero genio para la química. Pasaba la mayor parte del tiempo en su casa realizando experimentos. (Prefería la química a las personas. Al fin y al cabo, los tubos de ensayo no podían hablar.)

De todas formas, cuando el afortunado Cavendish tenía 40 años, heredó un millón de libras. ¡Era rico! ¿Pero dejó que el dinero se le subiera a la cabeza? Oh, no. ¿Lo derrochó todo en vino, ropa elegante o vacaciones exóticas? Nada de eso. Continuó trabajando de firme como siempre y gastó la mayor parte de su riqueza en... ¿no lo adivinas...? Eso es: continuó adquiriendo más material y libros de química. Y fue una suerte para los horribles geógrafos que lo hiciera porque, poco después, Henry Cavendish hizo un asombroso descubrimiento: un día, en su laboratorio, mezcló los gases hidrógeno y oxígeno en un jarro y lo calentó. ¿Qué crees que ocurrió?

Respuesta: b) Los costados del jarro se cubrieron de agua. Lo que el inteligente Cavendish había descubierto es que el agua no se compone sólo de una única sustancia (por ejemplo de agua pura) como pensaban los científicos cortos de miras. De hecho, se compone de dos gases: hidrógeno y oxígeno. La reacción entre los dos crea vapor de agua que se condensa (se convierte en agua líquida) al tocar los costados del jarro. En química, la fórmula del agua pura es H_2O. Eso significa que dos átomos de hidrógeno y uno de oxígeno juntos forman una molécula de agua. Y billones y billones de maravillosas moléculas de agua forman un río turbulento.

En la actualidad, a alguien como Cavendish se le llamaría un horrible hidrólogo. Es el nombre técnico para designar a los geógrafos que estudian el agua de los ríos. Y el honorable químico era terriblemente distinguido. Sus dos abuelos eran duques muy distinguidos que le dejaron a Henry ¡montones de pasta gansa!

Dato interesante

¿Pero de dónde diantres sale toda esa H_2O? No puede fabricarse tanta cantidad en tubos de ensayo. ¿Y cómo llega a los turbulentos ríos? Aquí tienes un dato interesante para dejarte llevar por la corriente. El agua que se encuentra en los ríos ha fluido antes millones y millones de veces. En el ciclo del agua, se recicla una y otra vez. De modo que el agua que discurre por el asombroso Amazonas puede haber pasado alguna vez por la antigua Roma. ¿Qué galimatías, eh? Para ver cómo funciona el ciclo del agua, imagina que eres una de las maravillosas moléculas de Cavendish, el trabajador incansable. (Mejor aún, imagínate que lo es tu profesor de geografía.) Bien, el caso es que tendrás que echar mano a tu imaginación.

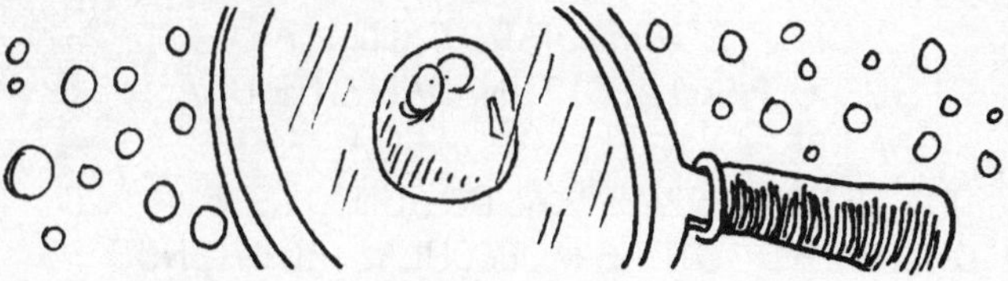

Estás a punto de emprender un viaje muy largo. En la página siguiente hay un dibujo que te indicará el camino. ¿Estás dispuesto a seguir la corriente?

1
EL SOL BRILLA SOBRE LOS OCÉANOS CALENTANDO EL AGUA (QUE ERES TÚ). TE SIENTES BIEN Y ESTÁS CALIENTE, PERO NO POR MUCHO TIEMPO...
2
¡UAU! HACE DEMASIADO CALOR PARA TU GUSTO, PERO AFORTUNADAMENTE UNA BRISA FRESCA TE ELEVA POR EL AIRE. (ES QUE TE ESTÁS EVAPORANDO JUNTO CON BILLONES DE OTRAS MOLÉCULAS. EL INTENSO CALOR DEL SOL TE HA CONVERTIDO EN INVISIBLE VAPOR DE AGUA.)
3
A MEDIDA QUE TE ELEVAS, TE ENFRÍAS (¡QUE ALIVIO!) Y VUELVES A CONVERTIRTE EN LÍQUIDO. MILLONES DE MOLÉCULAS COMO TÚ SE REÚNEN PARA FORMAR GOTAS...

ENTONCES MILLONES DE GOTAS SE REÚNEN PARA FORMAR UNA NUBE. AHORA EL MAR SE VE MUY LEJOS.
5 ¡EN EL INTERIOR DE LA NUBE HAY MOVIDA! OTRAS MOLÉCULAS SE PEGAN A TI HASTA QUE TU GOTA ES DEMASIADO PESADA. ¡CUIDADO! VAS A EMPRENDER UN LARGO VIAJE DE REGRESO A LA TIERRA. SÍ, ESTÁS CAYENDO CONVERTIDO EN LLUVIA...
6 PUEDES CAER EN UN RÍO QUE TE LLEVARÁ AL MAR. O CAER EN LA LLANURA Y RESBALAR HASTA EL RÍO. O EMPAPAR LA TIERRA (O CAER DIRECTAMENTE AL MAR), ¡PERO TU VIAJE AÚN NO HA TERMINADO! ¡ESTÁ A PUNTO DE VOLVER A EMPEZAR!

Dato escalofriante

Para calcular cuánto tiempo vas a estar fuera de casa, aquí tienes unos consejos para ahorrar tiempo. Una molécula de agua flota en el aire unos diez días antes de caer como lluvia. Si cae (o caes) directamente en un río turbulento, puedes seguir la corriente varios días, pero si caes sobre la tierra, pueden pasar millones de años antes de que vuelvas al río. Suma otros 3.000 años una vez llegues al océano y podría ser que ya no tuvieras que volver nunca al colegio.

¿Cómo diantres discurren los ríos?

1 Los ríos siempre fluyen montaña abajo. Lo cual resulta terriblemente evidente cuando reparas que el agua es arrastrada hacia abajo por la fuerza de la gravedad. Es lo mismo que cuando bajas en bici por una ladera. No necesitas pedalear, pues la gravedad hace todo el trabajo. La gravedad es una fuerza que atrae las cosas hacia el centro de la Tierra. Es lo que mantiene tus pies en el suelo. Se trata de que un objeto grande (la Tierra) tira de un objeto pequeño (el agua del río o de ti, montado en tu bici) hacia ella.

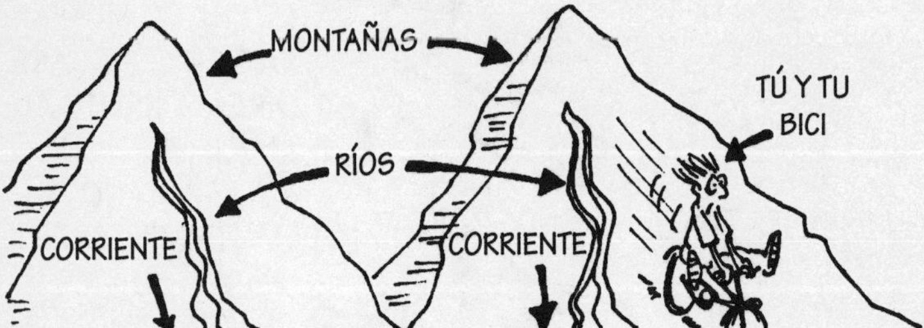

2 Un río no siempre discurre a la misma velocidad: acelera y reduce su marcha, lo cual se debe a que el río se cansa, debido a un roce que se llama fricción. La fricción se produce cuando dos objetos tratan de empujarse mutuamente para pasar al otro y se frenan, igual que cuando vas de compras y te

quedas atascado entre la multitud. ¿Y qué tiene esto que ver con los ríos? Bien, a veces la fricción entre el río (objeto n° 1) y su lecho y las orillas (objeto n° 2) frena el paso del agua. Un río discurre más rápido en la superficie, cerca del centro, donde la fricción es mucho menor.

Comprueba la velocidad con que discurre un río

Necesitarás:

- Un cronómetro
- Una cinta métrica
- Dos palos
- Una naranja
- Un río

Cómo debes hacerlo:

a) Mide 10 m de longitud en la orilla del río. Marca el principio y el final con los dos palos.

b) Deja caer la naranja en el agua.

c) Cronometra la velocidad de la naranja mientras avanza corriente abajo (es la dirección del agua).

d) Ahora has de hacer algunos aburridos cálculos matemáticos. (Puedes saltarte este párrafo si se parece demasiado a los deberes de la escuela.) ¿Recuerdas que algunas partes del río van más deprisa que otras? Para calcular el promedio de velocidad de todo el río, necesitas multiplicar la velocidad de la naranja por 0,8. Por ejemplo, si la naranja recorre 10 m en 20 s, la velocidad de la corriente en el centro es de 0,5 m/s. Si multiplicas esto por 0,8 tendrás un promedio de 0,4 m/s. (Los expertos utilizan los promedios de velocidad para calcular cosas como cuánta agua lleva el río o sea el caudal. Pero esto lo dejamos para un libro de mates.)

3 Los ríos discurren con mayor velocidad en las pendientes empinadas y no hay nada más empinado que una catarata. El río Niágara alcanza los 108 km/h cuando cae por las cataratas: 16 veces la velocidad normal. Es hora de que te calces tus deportivas ¡y a correr!

4 En cualquier caso, en todos los ríos del mundo hay sólo agua suficiente para mantener la corriente durante unas dos semanas. Sin nuevos suministros de lluvia se secarían rápidamente.

5 Los antiguos griegos tenían unas ideas muy particulares acerca de la procedencia de la corriente de los ríos. Eran conocedores de todo el ciclo del agua y de la lluvia. (Eran un puñado de sabelotodos.) Pero no creían ni un solo instante que la lluvia pudiera llenar ni siquiera un solo río turbulento.

Ellos creían que el agua procedía del mar, que llegaba a los ríos a través de corrientes subterráneas (y, de algún modo, perdiendo el gusto salado durante el camino).

6 En 1674, un francés, abogado, político y a ratos hidrólogo, Pierre Perrault, midió la cantidad de lluvia que caía durante un año en la tierras bañadas por el río Sena (su cuenca fluvial).

¿Qué descubrió? Que allí caía lluvia suficiente como para llenar el Sena seis veces y todavía sobraría un poco para lavarse la cara. ¡Los sapientísimos griegos estaban equivocados!

7 Los horribles geógrafos de la actualidad saben que el agua llega a los ríos de diversas maneras. Y todas empiezan por la lluvia. Aquí está Trotamundos para guiarnos por ellas.

8 Afortunadamente, los ríos no dependen de las aguas subterráneas para obtener la mayor parte de su caudal. Tendrían que esperar mucho tiempo. Las aguas subterráneas circulan muy despacio. Los científicos dicen que:

El científico norteamericano John Mann decidió comprobar si este cuento de los caracoles era cierto. Puedes verificar su baboso experimento por ti mismo.

Necesitarás:

- Una cinta métrica
- Un cronómetro
- Un caracol
- Mucho tiempo libre

Cómo debes hacerlo:

a) Coge un caracol de tu jardín.
b) Ponlo en la tierra.
c) Cronometra cuánto tiempo tarda en recorrer un metro.
(Si te aburres esperando, acorta la distancia.)

¿Qué crees tú que ocurrirá?:

a) ¿El caracol te adelanta por el caminito del jardín?

b) ¿El caracol avanza a paso de caracol, claro?

c) ¿El caracol corre más que las lentas aguas subterráneas?

Respuesta: c) Con este experimento, John Mann calculó que las aguas subterráneas se mueven sólo a 1/70 del paso de un caracol. Eso es 70 veces más lentas que un caracol reumático. ¿Y quién dijo que los experimentos científicos no eran aburridos?

Pon a prueba a tu profesor: Ríos turbulentos que baten récords

Después de todo este ir y venir, necesitas un bien ganado descanso. ¿Por qué no te tumbas en el sofá, levantas los pies y dejas el trabajo duro para otro, alguien como tu profesor de geografía? Pon a prueba la hidrología del sabelotodo con este rápido cuestionario.

1 El Nilo es el río más largo de la Tierra. VERDADERO/FALSO.

2 El Amazonas es el más caudaloso. VERDADERO/FALSO.

3 El más corto es el río D. VERDADERO/FALSO.

4 El Rin es el río más largo de Europa. VERDADERO/FALSO.

5 Algunos ríos suelen estar secos. VERDADERO/FALSO.

6 Algunos ríos están completamente helados en invierno. VERDADERO/FALSO.

Respuestas:

1 VERDADERO. El Nilo, en Egipto, con sus 6.695 km de longitud, está declarado oficialmente en el río más largo del mundo. Pero por muy poco. El Amazonas, de América del Sur, le va a la zaga con solo 255 km menos. Algunos geógrafos horribles ven las cosas de forma distinta. Según sus mediciones, el Amazonas es más largo. (Nota: no te preocupes por estas diferencias. Los geógrafos siempre se equivocan. Verás, la geografía no es una ciencia exacta, lo que significa que nadie sabe nada con exactitud. De manera que, aunque los geógrafos creen tener la respuesta para todo, no siempre es la misma.)

2 VERDADERO. El asombroso Amazonas transporta más agua que cualquier otro río de la Tierra: 60 veces más que el Nilo y una quinta parte del agua de todos los ríos de la Tierra. En su desembocadura, el Amazonas vierte 95.000 litros de agua al mar ¡CADA MINUTO! Es como vaciar 53 piscinas olímpicas. Comparado con este río turbulento, el Nilo apenas es un riachuelo.

3 VERDADERO Y FALSO. Es cierto que, con sus 37 metros de largo, el río D, en Oregón, EE UU, es el río más corto del mundo. Se desliza desde el lago del Diablo al océano Pacífico.

4 FALSO. El vulgar Volga en Rusia tiene 3.530 km de largo y es el río más largo de Europa. El Rin tiene solo 1.320 km, menos de la mitad de la longitud del Volga.
5 VERDADERO. Muchos ríos de los desiertos apenas llevan agua. Como en el desierto llueve tan poco, están secos la mayor parte del año. Otros ríos están húmedos en invierno y secos en verano.
6 VERDADERO. Cada invierno, el río Ob y su mayor afluente el Irtish, en Siberia, permanecen helados a lo largo de su recorrido. En su nacimiento, en las montañas, el Ob permanece helado durante cinco meses. ¡Brrr!

La puntuación de tu profesor
Concédele dos puntos por cada respuesta correcta. Y no hagas trampas...
10-12 puntos. Excelente. Con tal profundidad de conocimientos, tu profesor es un hidrólogo de primera.
6-8 puntos. No está mal, pero las respuestas no son demasiado fluidas. Si prestase más atención en clase, él/ella podría seguir el curso.
4 puntos o menos. ¡Oh cielos! Lamento decirlo, pero tu profesor está demasiado verde para este tipo de trabajo. Es mejor que se dedique a la enseñanza.

ALGUNOS DE LOS RÍOS MAS TURBULENTOS DEL MUNDO
MACKENZIE 4.270 KM
OB-IRTISH 5.410 KM
LENA 4.400 KM
AMUR 4.464 KM
AMÉRICA DEL NORTE
OCÉANO ATLÁNTICO
ÁFRICA
ASIA
HUANG-HO 4.672 KM
YANG-TSE-KIANG 6.376 KM
OCÉANO PACÍFICO
CONGO 4.374 KM
MEKONG 4.184 KM
AMÉRICA DEL SUR
AMAZONAS 6.439 KM
NILO 6.695 KM
OCÉANO ÍNDICO
AUSTRALIA
ATLÁNTICO MERIDIONAL

¿Has descansado? ¿Te sientes dispuesto a todo? Eso espero. Vas a tener que hacer acopio de toda tu energía para soportar las emociones que te esperan en el próximo capítulo. Estás a punto de seguir el curso de un río turbulento desde su nacimiento hasta que llega al mar. ¿Estás dispuesto a seguir la corriente? Es hora de que te pongas tu chaleco salvavidas... ¡por si tu canoa vuelca y terminas en el agua!

deslizándose hasta el mar

Los ríos son algo parecidos a las personas: cambian a medida que se hacen mayores. Cuando son jóvenes y empiezan a vivir, corren pletóricos de energía, llenos de empuje, corriente abajo. A medida que van creciendo y madurando, se hacen más lentos, se toman las cosas con más calma y van zigzagueando suavemente. Al fin, les llega la vejez. Cuando se aproximan al mar al término de su viaje, muchos se vuelven lentos y perezosos, y algo gruñones si se les despierta de sopetón. ¿Te suena a alguien que conoces?

El río: una turbulenta historia

Etapa 1: Juventud. En esta etapa juvenil, el río turbulento va muy rápido. Tiene prisa. Y rebosa juventud y energía. Es tan fuerte que, en su cauce y orillas, a su paso puede convertir rocas muy pesadas en diminutos cantos rodados.

Etapa 2: Mediana edad. Ahora el río empieza a aminorar su marcha. No comprende a qué viene tanto correr. Ha dejado las rocas –que eran demasiado pesadas–, pero sigue acarreando lodo y arena. Y en vez de estrellarse contra los obstáculos, los sortea cuidadosamente formando meandros. Está madurando.

Etapa 3: Ancianidad. Ahora el río va muy despacio y empieza a dormirse... *zzzzzz*, perdón, empieza a desprenderse del lodo y la arena. De vez en cuando se desborda por las orillas y lo inunda todo, pero luego tiene un largo y merecido descanso hasta que al fin desemboca en el mar.

Etapa 1: Juventud o cabecera

Nacimiento: Buenos días y bienvenidos a bordo. Como les he dicho antes, me llamo Trotamundos y hoy seré su guía. Les aseguro que se divertirán. Si desean preguntar algo, no duden en hacerlo. ¡Mientras no sea demasiado difícil!

Ahora estamos en el nacimiento del río, el lugar en que nuestro turbulento río empieza su vida y nosotros nuestra excursión. El nacimiento de un río puede comenzar con la lluvia que cae en lo alto de una montaña o surge del subsuelo. (El agua surge por manantiales del subsuelo cuando el terreno no es lo bastante «esponjoso» para absorberla.) ¿Están cómodos y preparados? ¡Pues allá vamos!

Cuenca hidrográfica: ¡Prestad atención, niños! Si miráis a izquierda y derecha, veréis la cuenca hidrográfica del río. ¿Qué

preguntas? No, la cuenca no tiene nada que ver con los cuencos que tu madre utiliza para cocer la verdura o la pasta. Algunos ríos tienen enormes cuencas hidrográficas. La cuenca del Amazonas cubre unos 7 millones de km^2 ¡Gigantesca! Creo que estaréis de acuerdo.
Afluente: ¿Veis aquel arroyuelo que desciende por la derecha? No, a la derecha, señora, eso es la izquierda. ¿Sabe alguno de vosotros cómo se llama? ¿No? Bueno, no importa.

Los geógrafos le llaman afluente. No, señor, yo tampoco sé por qué no pueden llamarle arroyo. Créame, me haría la vida más fácil. Pero algunos afluentes son auténticos ríos por derecho propio. Volvamos al Amazonas. Tiene más de mil afluentes. Uno de ellos, el Paraná, es uno de los ríos más largos del mundo.

Catarata: Y ahora llegamos a la parte más emocionante de nuestra excursión. ¡A mí me encanta! ¿Sois lo bastante valientes como para dar el salto? Lo siento, señora, es demasiado tarde para regresar. Ni aunque se esté mareando. ¡Aguante! Estamos a punto de caer por una catarata. Una cascada o catarata es el lugar donde el río cae verticalmente sobre la roca dura (ver pág. 64). Cierren los ojos si les dan miedo las alturas. Allá vamoooooooos...

Etapa 2: Mediana edad o tramo medio

El brazo principal en el tramo medio: ¡Uau! ¡Que chapuzón! Nos detendremos unos momentos mientras compruebo que no falta nadie. No se preocupe, señora, le puede pasar a cualquiera. Ahora nos encontramos en el brazo principal del río. No, no tiene nada que ver con los brazos de nadie, aunque podríamos decir que los afluentes parecen los brazos de la diosa Kali. Si quieren dárselas de inteligentes o poéticos, el brazo principal es la parte que da nombre al río, como el Nilo o el Amazonas, o este... ¿Han captado la idea? ¿Qué ocurre, señor, que usted no lo entiende? En seguida voy a explicárselo.

Valle: ¿Ven esas pendientes tan altas a cada lado? Eso significa que estamos en un valle fluvial en forma de V. Ha sido excavado en las rocas por la fuerza de la corriente (ver pág 57).

Desde lo alto se ve una vista espléndida, pero para verla habrán de hacer otra excursión, a nosotros todavía nos queda un largo trecho. No se preocupe, señora, más tarde le daremos el tique. Guarde su bolso antes de que se moje.
RÍO ARRIBA
RÍO ABAJO
Meandro: Bien. Ya sé que ahora parece que descendamos en semicírculos, pero tranquilos, es el río, y no ustedes los que han de tomar la curva. Esas grandes curvas en forma de ese que se ven en el río se llaman meandros.
¿Si, señor? Buena pregunta: ¿Que por qué se llaman meandros? Se les puso ese nombre por el zigzagueante río Menderes de Turquía. No, señora, allí no vamos en esta excursión. Para no salirnos de madre ni un momento, aquí tienen un breve diagrama que explica cómo se forman:

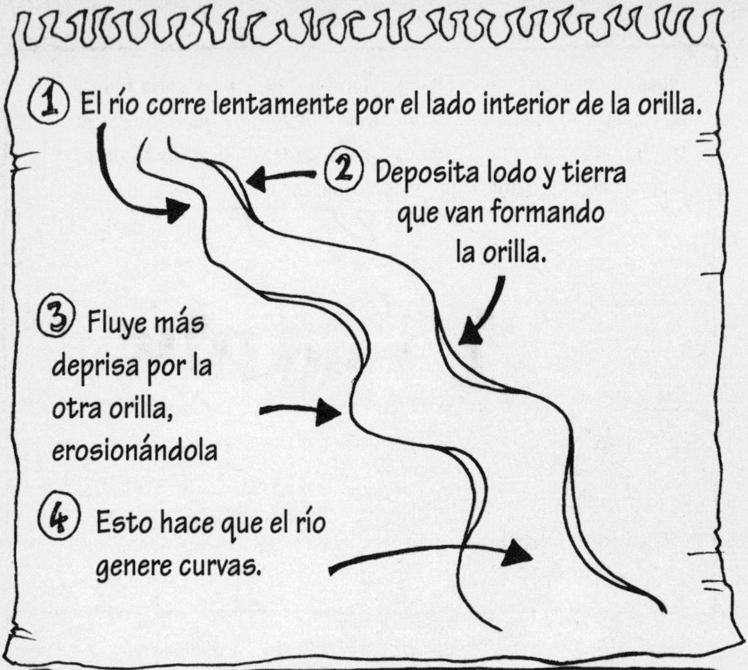
① El río corre lentamente por el lado interior de la orilla.
② Deposita lodo y tierra que van formando la orilla.
③ Fluye más deprisa por la otra orilla, erosionándola
④ Esto hace que el río genere curvas.

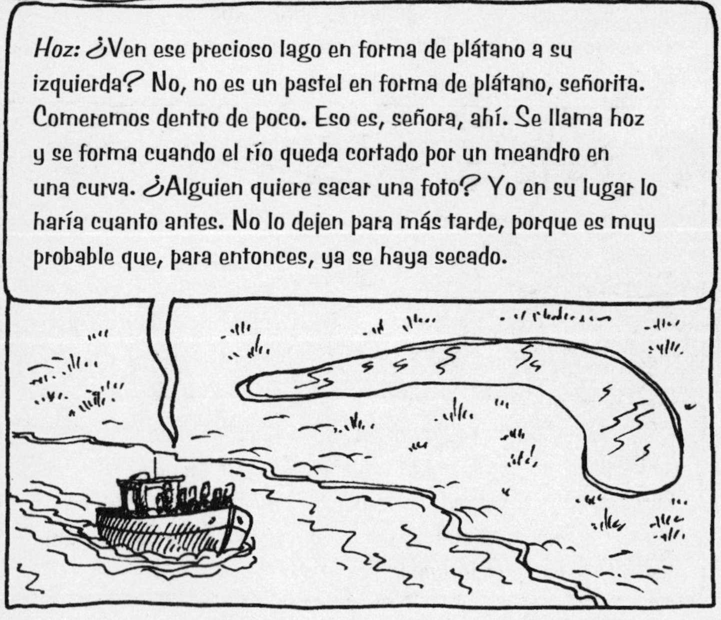
Hoz: ¿Ven ese precioso lago en forma de plátano a su izquierda? No, no es un pastel en forma de plátano, señorita. Comeremos dentro de poco. Eso es, señora, ahí. Se llama hoz y se forma cuando el río queda cortado por un meandro en una curva. ¿Alguien quiere sacar una foto? Yo en su lugar lo haría cuanto antes. No lo dejen para más tarde, porque es muy probable que, para entonces, ya se haya secado.

Etapa 3: Vejez o tramo final

Vega: ¿Ven ese barro pegajoso a su derecha y a su izquierda? Es la zona que sufre las inundaciones. Ese lodo significa que el río arrastra toneladas de esa sustancia pegajosa durante todo su recorrido (aunque otras zonas estén cubiertas de arena). Tal vez no parezca gran cosa, señora, pero ese lodo contiene cantidad de minerales que son buen alimento para las plantas. A los frutales y vegetales les encanta. Por eso las vegas de los ríos son huertos muy fértiles. Y hablando de comida, es hora de hacer un alto para comer.

Desembocadura: ¡Ya hemos llegado, señores! A la desembocadura del río y al término de nuestro viaje. Lamentablemente es donde dejamos nuestro río y observamos cómo desemboca en el mar. Aquí deja el resto de su carga de barro y arena. Una parte forma un delta (ver pág.71) y otra va a parar al mar. ¡Y aquí es donde ustedes desembarcan, amigos! Ha sido un placer conocerles y espero que hayan disfrutado del viaje. Por favor, tengan cuidado al abandonar la barcaza. Tal vez a sus piernas les cueste unos minuto recuperar el equilibrio. Y por si tienen la bondad de dejar una pequeña propina, he dejado mi sombrero en la parte de atrás. ¡Gracias a todos y hasta pronto!

Dato inquietante

Los meandros pueden parecer ociosos, serpenteando sin la menor preocupación, geográficamente hablando. Pero cuidado si estás cerca de uno y empieza a moverse. Durante años, la ciudad de New Harmony en Indiana, EE UU, permaneció firme en la orilla del río Wasash. El río empezó a curvarse suavemente hacia el oeste. Cierto, una de sus curvas se dirigía hacia la ciudad a paso de caracol. No había por qué preocuparse. ¿De veras? Pero un día de 1984 empezó a discurrir con más rapidez. ¡CUATRO VECES MÁS DEPRISA! A esa velocidad, la ciudad no tardaría en hundirse mientras el río erosionaba sus cimientos. Se trazaron planes para desviar el curso del río y cortar el avance del meandro. ¿Funcionó? Los habitantes de New Harmony aún esperan a ver qué pasa.

Una broma para el profesor

La próxima vez que un profesor te pregunte qué quieres ser de mayor (¡qué latazo!), finge pensarlo unos instantes y luego dices:

¿Se trata de un médico especialista en piernas y brazos?

Respuesta: No. Un limnologista es un geógrafo que estudia los lagos, estanques, ríos y arroyos. ¡Y no tiene nada que ver con la medicina! En realidad, la palabra *limnos* pertenece al griego antiguo y significa «lago pantanoso». Un limnologista es una mezcla de hidrólogo, geólogo, químico, físico y biólogo. Impresionante, ¿no?

La raíz del problema

Si la excursión por el río no te ha dejado calado hasta los huesos, vuelve a recordar el lugar de donde partimos: su nacimiento. Hay tres tipos distintos de natalidad, perdón, de nacimiento. Por lo general los ríos suelen *nacer* en lo alto de las montañas.

¿Sabrías decirnos dónde nacen estos tres ríos famosos? Adelante, podría ser el principio de algo muy grande.

Ríos turbulentos:

1 Ganges

2 Amazonas

3 Rin

Has de elegir su nacimiento entre:

a) Un lago

b) Un glaciar

c) Un manantial en la montaña

Respuesta:

1b) El Ganges nace en un glaciar del Himalaya, que es la cordillera de Asia con cumbres más altas. En primavera y verano, la cima del glaciar se derrite y forma un arroyo que crece hasta convertirse en el río Ganges. El Ganges discurre a través de la India hasta el golfo de Bengala en el este. Para mucha gente es un río sagrado que cae desde el cielo y lo adoran como a una divinidad. Debajo del glaciar hay un pueblo llamado Gangotri. Miles de peregrinos, desafiando el frío invernal, viajan hasta allí cada año para adorarlo y bañarse en sus aguas heladas. ¡Brrrr!

2a) El asombroso Amazonas empieza como un riachuelo desde un lago diminuto de las montañas de los Andes, en Perú. El riachuelo se convierte en un arroyo llamado Apurímac. Así es como la gente de la localidad llama a los «vocingleros», debido al ruido que produce al descender por la ladera de la montaña. Desde el lago, el Amazonas atraviesa América del Sur (un recorrido de 6.439 km) hasta el océano Atlántico. Allí vierte tanta agua que el mar no empieza a tener gusto salado hasta más allá de 300 kilómetros.

3a) y c) El turbulento Rin cobra vida cuando los arroyos de dos montañas descienden por los Alpes suizos. Uno surge del extremo de un glaciar y el otro de un lago. Ambos unen sus fuerzas, pero no están solos por mucho tiempo. Muchos otros arroyos se incorporan a su paso. Luego el río recorre Alemania y Holanda hasta desembocar en el Mar del Norte.

Triste historia en la búsqueda del nacimiento del Nilo

Tal vez pienses que encontrar el nacimiento de un río es algo sencillo y sin complicaciones. Seguramente ni un espabilado geógrafo podría pasar por alto el manantial de una montaña.

Sobre todo si el río en cuestión es increíblemente largo y famoso, como el turbulento río Nilo. Quizá creas que es pan comido. Sin problemas, pero estás muy equivocado.

Durante cientos de años, los geógrafos habían estado buscando por todas partes el nacimiento del Nilo. Sabían que debía estar en algún lugar de África, pero África es un país enorme y casi inexplorado en su mayor parte. Varias intrépidas expediciones fueron enviadas a buscar su nacimiento (incluida una enviada por el emperador romano Nerón). Y todas fracasaron. ¿Dónde diantres comenzaba el Nilo? Fue uno de los secretos más bien guardado de la geografía. Hasta que un día de 1856, dos intrépidos exploradores se dirigieron a África para alcanzar a la raíz del problema de una vez por todas. Sus nombres eran Richard Francis Burton (1821-1890) y John Hanning Speke (1827-1864).

* Juego de palabras. En inglés *speak* significa hablar.

Parte 1: Empieza la búsqueda

El 19 de diciembre de 1856, Burton y Speke desembarcaron en la isla de Zanzíbar, en el océano Índico. Desde allí, planeaban dirigirse a África donde empezarían la búsqueda y se aventurarían por vericuetos que nunca habían pisado los europeos.

Pero no tenían tiempo para preocuparse. Preparar el viaje les ocupaba la mayor parte de su tiempo. Necesitaban víveres que duraran todo el viaje –¿un año, quizás?– y algunos porteadores para que transportaran las vituallas. (Iban a estar demasiado ocupados explorando para acarrearlas ellos.) Entre las cajas de instrumentos científicos, libros, herramientas y medicinas, los dos hombres se permitieron algún que otro lujo, como una caja de cigarros puros, cuatro piraguas grandes y una docena de botellas de coñac, con propósitos medicinales, naturalmente.

En junio de 1857 todo estaba dispuesto y al fin partieron hacia África. Su ruta les llevó tierra adentro y luego hacia el oeste hasta el lago Tanganica. Desde allí se dirigirían hacia el norte y las montañas en busca del misterioso nacimiento. Durante ocho meses interminables siguieron viajando.

El calor era terrible, las moscas insoportables y los indígenas no siempre amistosos, pero Burton y Speke se sentían capaces de poder soportarlo casi todo con tal de encontrar el nacimiento. Es decir, cualquier cosa menos el uno al otro.

El problema estaba en que Burton y Speke eran tan iguales como el día y la noche. Y disfrutaban de su mutua compañía como el perro y el gato. Verás, Burton era ya un explorador famoso con varias expediciones por África en su haber. Era valiente y genial en todo, incluso hablaba 29 idiomas, pero tenía un aspecto muy extraño. Así es como lo describió un conocido:

Speke, por otra parte, era muy pulido, aseado y respetable, todo lo que no era el bruto de Burton. También era terriblemente testarudo. Puede que no fuese tan inteligente como Burton, pero no estaba dispuesto a dejarse mandar. ¡De ninguna manera! Burton y Speke consiguieron mantenerse unidos hasta que llegaron al lago Tanganica, pero ya entonces apenas sí se hablaban. Por suerte para ambos, estaban demasiado enfermos para discutir. Burton apenas podía mover las piernas y tenía tantas úlceras en la boca que no podía comer. Una enfermedad había dejado a Speke casi ciego y se había quedado medio sordo porque una abeja se le metió en una oreja.

«Pero ¿y el nacimiento del Nilo?», te preguntarás. ¿Habían olvidado para qué estaban allí? ¿Quién mejor que Burton para explicarlo? Aquí tienes cómo pudo haber descrito el resto del viaje en su diario secreto. (Es probable que escribiera un diario auténtico de la expedición, pero seguramente no sería como éste.)

MI DIARIO por R.F.Burton

PRIVADO Y PERSONAL

¡PROHIBIDO LEERLO! (Especialmente si sus iniciales son J.H.S.)

Febrero de 1858, lago Tanganica, África
Después de ocho meses de duro esfuerzo, por fin hemos llegado al lago Tanganica. Es muy bonito, debo reconocerlo. Y nosotros somos los primeros europeos que lo ven. ¡Hurra! Aún mejor: me han dicho que hay un río que parte de un extremo del lago. Es el nacimiento del Nilo, creedme.

En cuanto se curen las úlceras de mi boca, iré a echar un vistazo. YO SOLO. Sin decírselo a «ya-sabéis-quién».
¡Je! ¡Je!

PD: Más tarde... ¡Maldita sea! «Ya-sabéis-quien» ha tenido la misma idea. Ese viejo entrometido ha encontrado dos canoas y nos disponemos a partir juntos hacia el lago. Apuesto a que dirá que fue él el que lo pensó primero.

PPD. Todavía más tarde... No lo encontramos. Estoy algo decepcionado, pero sé que tengo razón. Siempre la tengo.

Septiembre de 1858, Kazeh, África

¿A que no adivináis lo que ha ocurrido ahora? Ese terrible entrometido de Speke ha hecho otra de las suyas. Intenta dárselas de listo. Empieza a cargarme. Él solito reclama haber encontrado el verdadero nacimiento del Nilo. ¡ÉL SOLITO! Según él, ha encontrado otro lago que se llama como la reina Victoria. ¡Qué farsante! ¿Qué quiere, una medalla? Y dice que definitivamente es el nacimiento del Nilo. Claro que no lo es. ¡Vaya tonto! Le dije que era ridículo. Tiene celos de mí por haberle vencido. Cuando le pedí que demostrara que era el verdadero nacimiento, se molestó mucho, por lo que es evidente que todo es pura fantasía. De todas formas, ya estoy harto. Nadie volverá a pronunciar la palabra «N...». Por lo que a mí respecta es un caso CERRADO.

Mayo de 1859, Londres, Inglaterra

Esta vez ha ido demasiado lejos. En serio. Cuando íbamos por caminos separados, PROMETIÓ esperar hasta que yo llegase a casa para explicar a la gente su estúpida teoría.

¡Debí imaginar que no cumpliría su palabra. ¡Grrrr! No sólo va y se lo dice a todo el mundo, sino que le enviaron con otra expedición para ver si estaba en lo cierto. ¡Me pone MALO! No te preocupes, le dejaré creer que por ahora ha ganado. Pero regresaré y entonces... ¡YA LE ENSEÑARÉ YO!

Setiembre de 1864. Bath, Inglaterra

¡Speke ha vuelto a hacerla! ¡Es realmente increíble! Llevo cinco años esperando poder rehabilitarme. Cinco largos años. ¿Y sabéis qué? ¡Van y le matan! Algunas personas son tan egoístas. Y ni siquiera fue en África. Había regresado alardeando de que la cuestión del nacimiento del Nilo estaba resuelta y poniendo nervioso a todo el mundo. Seguía sin tener ninguna prueba. (¿Qué os dije?) De modo que se decidió que él y yo tuviésemos una entrevista cara a cara, de hombre a hombre para tratar el asunto. Fijamos la reunión para el 16 de setiembre cuando me llegó la noticia de que había muerto en un accidente de caza. Le dispararon. ¡El muy idiota! ¡A qué extremos llegan algunos! (En realidad, me ha afectado profundamente, pero no digáis a nadie que lo he dicho.)

Segunda parte: Continúa la búsqueda

Ahora le corresponde al más famoso explorador británico reemprender la búsqueda del nacimiento: David Livingstone (1813-1873). Su nombre daba confianza a la gente. Livingstone era ideal para el puesto. En primer lugar, era muy simpático y caía bien a todo el mundo. (Muérete de envidia, Burton.)

De modo que, en agosto de 1856, partió de Inglaterra hacia África. Livingstone pensaba que Burton y Speke se habían equivocado de lugar y que el verdadero nacimiento del Nilo estaba más al sur. Pero la expedición fue un desastre. Al cabo de poco, la mitad de sus compañeros había fallecido, desertado o estaban enfermos. El propio Livingstone estaba muy enfermo y perdió contacto con el mundo exterior.

Transcurrieron los años y, en Gran Bretaña, el pobre Livingstone se había convertido en el explorador más famoso dado-por-muerto. Afortunadamente, la gente de EE UU no le había olvidado, y un periodista del *New York Herald* fue enviado a África para buscarlo. (Oh, y para dejar bien sentada la cuestión del nacimiento del Nilo, pero ya has oído todo eso antes.) Su nombre era Henry Morton Stanley (1841-1904).

Para no alargar la historia, el 10 de noviembre de 1871 Stanley al fin encontró a Livingstone y pronunció la estúpida frase que le hizo famoso:

Después de conocer a Livingstone, a Stanley le picó el gusanillo de la exploración. Tras un breve viaje a Inglaterra para reponer víveres, regresó a África para comprobar las opiniones de Burton, Speke y Livingstone. Y tres años más tarde, después de muchas dificultades y horribles tribulaciones, al fin hizo un favor a todos y resolvió el misterio del nacimiento del Nilo de una vez por todas (y esta vez lo hizo de verdad).

¿Así que dónde diantres estaba? ¿Cuál de los tres intrépidos exploradores dijo la verdad? Fue...

a) ¿El malhumorado Burton y el lago Tanganica?

b) ¿El envidioso Speke y el lago Victoria?

c) ¿El dado por muerto Livingstone y el río Lualaba?

Respuesta: b) Resultó que Speke tuvo razón (¡Burton se puso furioso!). El nacimiento del Nilo era un río que fluía del lago Victoria por unas cataratas llamadas Ripon. Mala suerte para Burton. Él creía que el río nacía en el lago Tanganica, pero el río en cuestión penetra en el lago, no sale de él. Y Livingstone tal vez era bueno con la gente, pero se equivocó de río. Su río Lualaba discurre hacia el sur del lago Victoria. Pero Stanley demostró más tarde que se une al colosal río Congo y no se acerca al Nilo para nada.

Datos sobre ríos turbulentos

NOMBRE: Nilo
SITUACIÓN: Norte de África
LONGITUD: 6.695 km
NACIMIENTO: Lago Victoria
CUENCA: 3.349.000 km^2
DESEMBOCADURA; Desemboca en el mar Mediterráneo, en la costa de Egipto.
DATOS FLUVIALES:

- Es el río más largo de la Tierra.
- Sus dos ramas principales se llaman Nilo Blanco y Nilo Azul, por el aparente color de sus aguas.
- Los antiguos egipcios (y los actuales) vivían junto a sus orillas.
- Lo que se dice de él: «El que bebe agua del Nilo volverá para beberla otra vez». (Antiguo proverbio egipcio.)

Así que el nacimiento del Nilo al fin había sido descubierto y su misterio resuelto, pero la historia de los ríos no acaba aquí. Oh, no. El nacimiento es sólo el comienzo. Te falta mucho trecho por recorrer en tu intrépida aventura fluvial. De manera que lánzate por la corriente hasta el próximo capítulo...

Rozando el fondo

Tal vez pienses que los ríos no sirven para nada más que ir serpenteando hasta el mar, pero te equivocas, claro. Incluso los ríos más perezosos son grandes trabajadores. El avance del agua tiene una fuerza extraordinaria. Tanta, que al cabo de millones de años puede cambiar la faz de la tierra. (La sonrisa más siniestra de tu profesor puede borrar la sonrisa de tu rostro, pero ni siquiera hace temblar la dura roca.) Pero el agua no trabaja sola. El río arrastra toneladas de piedras, barro y arena que le dan ese poder abrasivo. ¿Pero cómo diantres lo hace? Aquí tienes paso a paso una guía de la erosión* que origina los cambios del suelo.

¿Cómo diantres se produce la erosión?

1 Los horribles geógrafos siempre van a lo suyo y dan una palabra propia a cada cosa. Pero no se conforman con llamar río a un río. Sería demasiado fácil. Fíjate en todas las piedras y barro que arrastra un río. No se limitan a llamarles piedras y barro, tienen que decir que el río arrastra una *carga*. ¿Qué te parece? La carga puede ser cualquier cosa, desde rocas del tamaño de un autobús de dos pisos a minúsculos granitos de arena.

2 Parte de la carga se disuelve en el agua. Esos son los fragmentos que endurecen el agua y dejan restos calcáreos en tu cafetera. Algunos siguen arrastrados por el agua. Las rocas grandes

y guijarros caen al fondo o van saltando por él. Los listos geógrafos le llaman lecho.

3 El agua pura es casi transparente e incolora. ¿Pero quién quiere un río así tan aburrido? La mayoría de ríos son de color marrón, aunque no todos. El río Amarillo (Huang-Ho), en China, es... lo has adivinado, ¡amarillo! Eso se debe a las toneladas de tierra amarilla que es arrastrada desde los márgenes hasta el río, enlodándolo, de tal manera que los chinos dicen que, si te caes dentro, jamás volverás a estar limpio. (¿Por qué no lo pruebas la próxima vez que necesites una excusa para no

lavarte?) También dicen: «Cuando el río baje limpio...» algo que probablemente no sucederá nunca.

4 Parte de la carga restrega el lecho del río y sus costados como un papel de lija gigante o un estropajo (es una cosa esponjosa que se utiliza para lavar cacharros. ¿Lo has visto alguna vez?). O bien la carga golpea contra las rocas como un martillo gigante. No es extraño que las rocas se partan bajo el impacto.

5 Cuanto más rápido baja el río, más rocas grandes y pesadas puede arrastrar, y más rápidamente éstas erosionan el lecho. Cuando el río aminora su marcha en su tramo medio, su carga crece pero ahora ya está formada por lodo y arena. Cerca del mar, el río pierde energía y deposita su carga. Ya no puede erosionar el terreno. Sería demasiado esfuerzo.

6 A veces la erosión es tan lenta que apenas se percibe que haya tenido lugar. Para notar la diferencia, necesitarías permanecer allí millones de años. Es el tiempo que tarda en excavar

grandes hendiduras entre montañas llamadas valles. Tienen la forma de la letra «V». (A veces el valle no tiene río porque se ha secado.) Los cañones o gargantas son valles fluviales con las laderas cortadas a pico. No son lugares que deban visitar los que sufren vértigo. (Eso significa que no se atreven a mirar hacia abajo.) Pero si tienes buena cabeza para las alturas, ¿por qué no participas en nuestro brillante concurso? (Aunque no creas que vayas a ganar.)

El precio incluye:

* Dos billetes de ida y vuelta hasta Arizona
* Un ejemplar firmado de *Mi gran guía del Cañón* por Trotamundos, llena de datos y consejos para lo que hay que ver y hacer.
* Una foto gratis con tu mula favorita.

PARA EMPEZAR, TODO LO QUE NECESITAS ES CONTESTAR A LAS TRES PREGUNTAS DE LA PÁGINA SIGUIENTE. SI NO SABES LAS RESPUESTAS, INVÉNTALAS. LUEGO MARCA EL GRAN CAÑÓN EN EL MAPA. AQUÍ TIENES UNA PISTA: ¡LEE PRIMERO LAS RESPUESTAS!

VACACIONES DE RIESGO. ¡ESTÁN DE MODA!

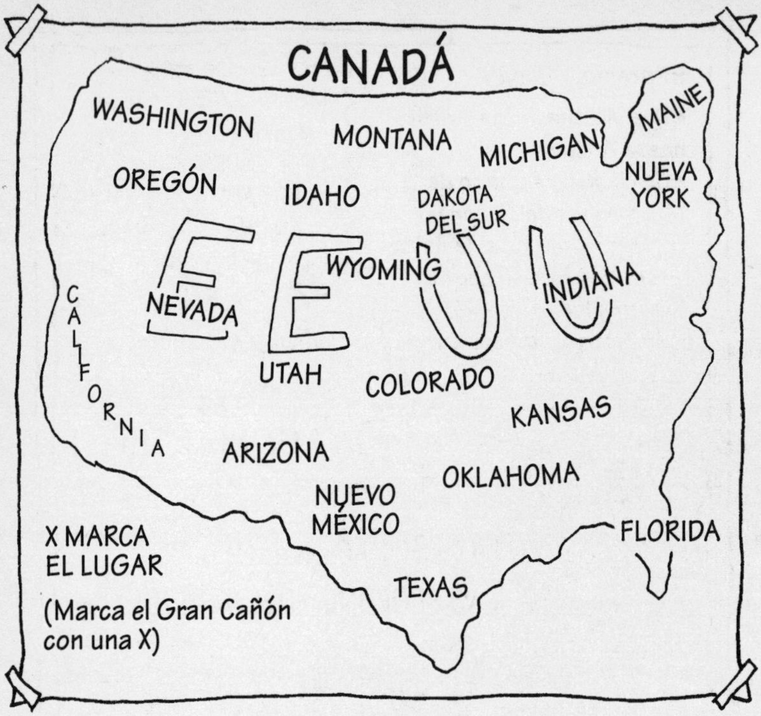

Aquí están las preguntas:

(1) ¿Qué edad tiene el Gran Cañón?
a: 600 años
b: 6.000 años
c: 6 millones de años

(2) ¿Qué río pasa por el Gran Cañón?
a: Amazonas
b: Colorado
c: Támesis

(3) ¿Qué profundidad tiene el Gran Cañón?
a: 1-6 km
b: 16 km
c: 160 km

Respuestas: ¡NO LAS MIRES SI PARTICIPAS EN EL CONCURSO!

1c) Pero las rocas de ambos lados del cañón son muchísimo más antiguas. Cerca de la cima se han encontrado fósiles de plantas y animales que vivieron hace unos 250 millones de años. Cerca del fondo, las rocas tienen unos 2.000 millones de años. ¡Eso sí que es ser viejo!

2b) El río Colorado recorre más de 2.000 km desde las Montañas Rocosas. Solía desembocar en el golfo de California, en México, pero le han quitado tanta agua para la agricultura y para beber que ya no llega al mar. Durante 446 km fluye por la parte más baja del Gran Cañón.

3a) El Gran Cañón tiene 1,6 km de profundidad. ¡Es como mirar desde lo alto de un edificio de 444 pisos! ¡Oh! ¡Y es muy empinado! Si te atrevieras a descender por él, tendrías que hacerlo montado en una mula o a pie. De cualquier manera, tardarías varios días y tendrías que tener mucho cuidado para ver dónde pones los pies, no fuera el caso que molestaras a una serpiente de cascabel. Si estás demasiado cansado para volver a subir, ¿por qué no tomas un bote y navegas río abajo? Aunque cuidado con los Big Drops: son los rápidos que te esperan más adelante.

Dato escalofriante

Gracias a los ríos, la Tierra adelgaza. ¡Es cierto! Cada año, los turbulentos ríos arrojan al mar la escalofriante cifra de ¡20 MIL MILLONES DE TONELADAS de rocas, arena y barro! Lo cual significa que cada 1.000 años, el suelo es 8 cm más bajo. No te preocupes, tú no notarás la diferencia... ¡ni siquiera tu profesor con lo viejo que es!

Dar el salto

Pero no sólo son los valles los que sienten la fuerza de los ríos turbulentos. Imagina que eres un río joven (adelante, puedes hacerlo). Desciendes a toda marcha cuando de pronto un escalón de roca dura te bloquea el paso. ¿Qué haces? Puedes hacer dos cosas **a)** seguir adelante o **b)** dar media vuelta y regresar a casa. ¿Seguirás adelante? Claro, el dar media vuelta es de cobardes. Pero prepárate para un viaje movidito. Si hay terreno blando debajo, puedes estar a punto de dar el salto. Aquí tienes la historia interna de cómo se forma una cascada:

1 El río corre sobre roca dura con terreno blando debajo.
2 Al cabo de miles de años el agua deshace el terreno blando.
3 Lo cual deja un pequeño escalón de roca dura que va creciendo y creciendo hasta que...
4 ... El turbulento río salta por encima. ¡Chap!

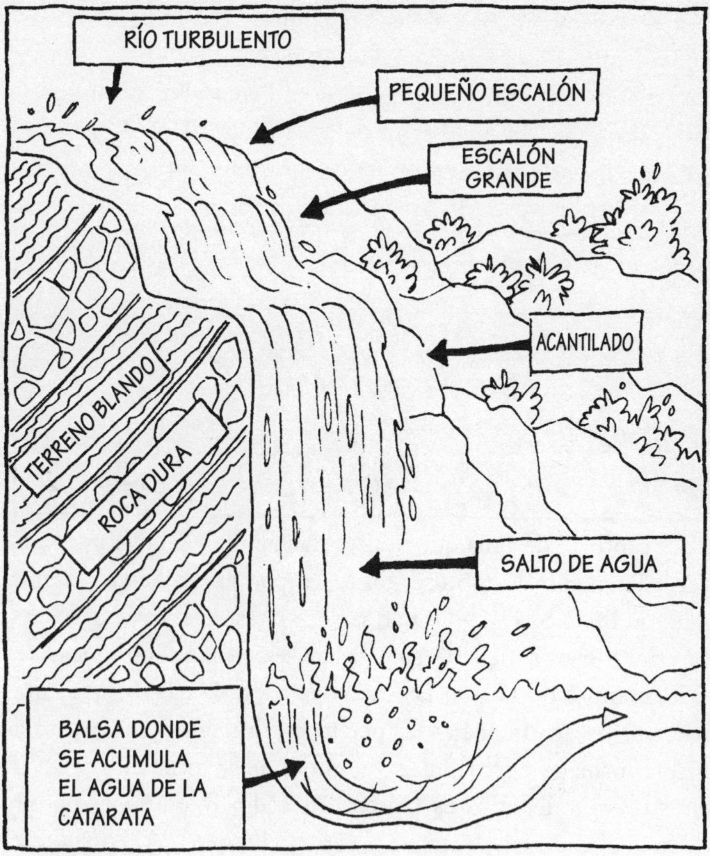

Diez datos de la catarata que hacen la boca agua

1 Imagina la altura de un edificio de diez pisos. Luego lo multiplicas por 27. Es la altura del Salto de Ángel y el récord mundial. El Salto de Ángel es la catarata más alta del mundo. Allí, el río Churun cae desde 979 m por la ladera de la montaña del Diablo, en Venezuela. *¡Pataplaffff!* Los ríos no suelen esperar a que el terreno se vaya erosionando para seguir discurriendo plácidamente, sino que saltan desde el borde hasta el valle o la garganta que hay abajo.

2 A esta cascada no le pusieron el nombre de los angelitos sonrosados que ves en las felicitaciones de Navidad. Fue por otra clase de ángel. Jimmy Angel, piloto y explorador norteamericano. En 1935, divisó el salto de agua desde el aire cuando se dirigía a las montañas en busca de oro. Para verlo mejor, ¡intentó aterrizar y estrelló su avión allí cerca!

3 La cantidad de agua que transportan algunos saltos de agua es verdaderamente asombrosa. En la temporada de lluvias, el agua que cae POR SEGUNDO en las cataratas de Iguazú en América del Sur es suficiente para llenar seis piscinas olímpicas.

4 El nombre que dan a las cataratas Victoria es «el humo que truena». Es una buena descripción. Ese humo es en realidad la niebla formada por trillones de minúsculas gotitas de agua. Y el estruendo del agua es tan ensordecedor que puede romper los cristales de las ventanas a varios kilómetros de distancia. Encontrarás esas cataratas en el río Zambeze, en África, pero no te olvides de ponerte tapones en los oídos. ¿Perdón?

5 Comparadas con las cataratas del Salto de Ángel, que son 20 veces más altas, las del Niágara, en América del Norte, son *pecata minuta*. Pero el tamaño no lo es todo. Éstas son las cataratas más famosas del mundo. Todo el mundo quiere fotografiarlas. En realidad, son dos saltos del río Niágara: las Horseshoe Falls (cataratas de la Herradura) del lado canadiense y las American Falls (las cataratas nortemericanas) en EE UU. Están separadas por la Goat Island (Isla de la Cabra).
6 Poco a poco, todas las cataratas del mundo se van desgastando mientras erosionan las rocas por las que saltan. Y las cataratas del Niágara no son una excepción. Desde hace 12.000 años ya han retrocedido 11 kilómetros. No te preocupes, todavía hay tiempo para visitarlas. A este paso, los geógrafos reconocen que el río tardará otros 25.000 años en llegar a su nacimiento en el lago Erie. Entonces las cataratas se habrán acabado. Qué pena.
7 No sería la primera vez que las cataratas fracasan. En 1969, las cataratas Norteamericanas se secaron del todo. Pero esta vez se hizo deliberadamente. A los expertos les preocupaba que las cataratas se derrumbasen y necesitaban reparar los agujeros de las rocas. Ahora ya vuelven a discurrir (las aguas, no los expertos, tonto).
8 Las cataratas del Niágara reciben millones de visitantes. Tú puedes verlas desde la Isla de la Cabra (Goat Island), pasar por debajo de ellas en bote o subir en ascensor hasta la Cueva de los Vientos oculta tras la cortina de agua. Prepárate para calarte hasta los huesos.

9 Si eres valiente de verdad, ¿qué te parecería saltar desde arriba metido en un barril? Es lo que hizo la profesora norteamericana Anna Edson Taylor. El 24 de octubre de 1901, se ató dentro de un gran barril de madera y se dejó caer desde lo alto de las cataratas. ¡Imagínate cómo salpicaría! Por sorprendente que parezca, aparte de unos cuantos cortes y contusiones, salió ilesa. Si estás pensando en convencer a tu profesora para que haga lo mismo, mala suerte. Estas peligrosas hazañas fueron prohibidas a partir de 1911.

10 La intrépida miss Taylor fue uno de los muchos valientes (o locos) que intentaron cruzar las cataratas de varias maneras.

El más temerario fue un francés, Jean-François Gravelet (1824-1897), más bien conocido por Blondin (significa «rubio»). ¿Quieres leer todas sus intrépidas aventuras? Hemos buscado en nuestro archivos y encontrado un viejo ejemplar de *The Daily Globe* que te pondrá al corriente de su historia.

The Daily Globe

20 de agosto de 1859, cataratas del Niágara

PASEO SOBRE EL ALAMBRE EN LAS CATARATAS DEL NIÁGARA

Una multitud enardecida flanqueaba ayer las cataratas del Niágara para presenciar un verdadero desafío a la muerte. Ante miles de expectantes espectadores, el famoso acróbata mundial, Blondin, caminaba sobre las cataratas del Niágara por un cable tenso, ¡llevando a hombros a su director, Mr. Harry Colcord! ¡Aunque Mr. Colcord era el doble de alto que él!

AÚN QUEDA SITIO PARA OTRO

A Mr. Colcord se le oyó decir más tarde: «¡Nunca más! Ha sido una pesadilla desde el principio al fin. ¡Ese loco casi pierde el equilibrio por lo menos seis veces! A partir de ahora nunca dejaré de tener los pies bien plantados en el suelo!» No fue el único que pasó miedo. Algunos espectadores llegaron a desmayarse.

Ésta no es la primera vez que el valiente Blondin lleva a cabo su osada hazaña. A primeros de año dio su primer paseo sobre un cable tendido 50 metros por encima de las turbulentas aguas. En aquella ocasión, su espeluznante recorrido duró menos de 20 minutos incluyendo una parada para beber un par de vasos de vino. Y disfrutó tanto que volvió para repetirlo.

Blondin cruzó las cataratas varias veces más, una con los ojos vendados y otra empujando una carretilla con un pasajero.

Cuando le preguntaron si no le daba miedo, contestó: «*Non* (no). Mi padgre me enseñó a caminag sobgre el alambgre cuando tenía cinco agños. Desde entonces he hecho locugas. Paga mí es lo mismo que un paseo pog *Les Champs Elysées**.»

Después de este último paseo, uno de nuestro reporteros consiguió sacarle algunas palabras antes de que le rodearon sus admiradores. Le preguntó si volvería a repetirlo. «*Bien sûr!* –contestó Blondin–. Volvegué, y la próxima vez, voy a cruzag el alambgre sobgre zancos». Todos los de *The Daily Globe* le deseamos *bonne chance*.

* *Les Champs-Elysées* (Los Campos Elíseos) es una famosa avenida de París.

Hilando fino

Su gran hazaña en el Niágara dio a Blondin fama y fortuna, aunque algunas personas tenían sus dudas. Los periodistas de la época (aunque no los de nuestro *The Daily Globe*) dijeron que era «un loco al que había que arrestar». Pero Blondin siguió adelante con valentía. Y no lo hizo del todo mal para alguien que había empezado su carrera como un niño prodigio apodado «Pequeña maravilla». Pero no se conformó con los zancos. En total cruzó las cataratas 17 veces, ¡sin caerse ninguna! Una de las veces, se detuvo a mitad de trayecto, se sentó en el cable y, tras sacar un pequeño hornillo, se preparó una tortilla ¡con toda la tranquilidad del mundo! ¡Oh, ya sabes lo que dicen, la comida sabe mejor al aire libre!

¡Aviso para la salud pública!
Esto no lo intentes en casa, amiguito. Si empiezas a ensayar en la sala de estar y aterrizas encima de la mejor porcelana de tu madre, no te llamará Pequeña Maravilla, sino que te dirá: «No habrá más paga semanal, ni tele, ni juegos de ordenador durante un mes» o algo peor. Además, deslizarse sobre el alambre es muy peligroso a pesar de todo lo que diga Blondin.

Aligerando la carga

Después de tanta excitación, es hora de un poco de calma para volver a nuestro turbulento río. Excepto que ahora ya no tiene la fuerza de antes. Es más lento y ya no tiene energía para arrastrar su carga. De modo que la vierte por su bocaza. Si las mareas son lo bastante fuertes, parte de la carga va a parar al mar. Pero la otra parte construye un nuevo paisaje. El río tiene que ramificarse para seguir fluyendo y convierte su desembocadura en un inmenso laberinto de arroyos e islas que se llama delta. Es hora de deslumbrar a tu profesor con algunos datos profundos acerca de los deltas.

Los deltas deben su nombre a un antiguo historiador griego llamado Herodoto. Pasaba la mayor parte de su tiempo viajando por Egipto y tomando notas para su nuevo libro. Y observó que la desembocadura del río Nilo tenía forma de triángulo, algo parecido a la letra D griega (o delta: Δ). Y así ha quedado. Pero ya conoces a los entremetidos geógrafos. ¡De modo que ahora, por su culpa, tenemos tres formas de delta.

1 *Forma de arco:* El nombre pijo de este arco significa que está arqueado, lo cual significa que está arqueado como un arco. Oficialmente ésta es la forma del delta del Nilo. Extraoficialmente, los antiguos egipcios decían que su delta tenía forma de flor de loto. ¡Qué bonito!

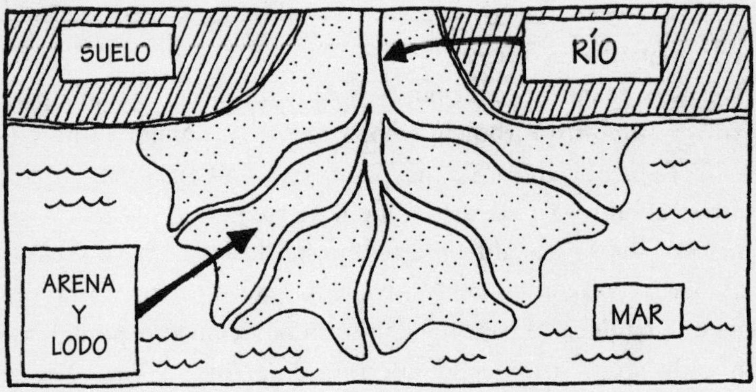

2 *Puntiagudo:* El nombre pijo en latín es *cuspate* que significa forma de pico o puntiagudo. ¿Te acuerdas de Rómulo, Remo y la sangrienta historia de Roma? Bien, el río Tíber (sobre el que se asienta Roma) acaba en un delta puntiagudo.

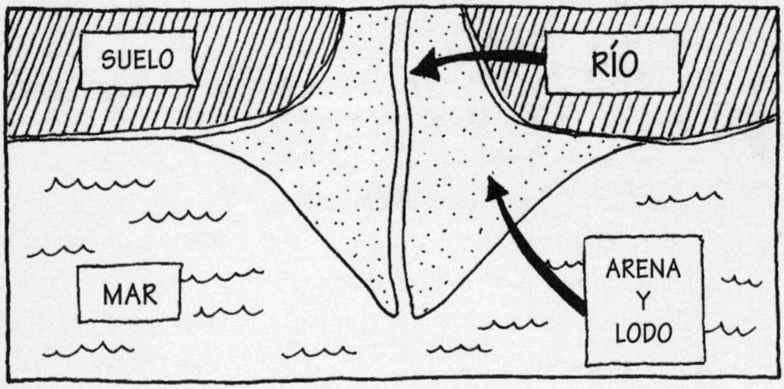

3 *Palmípedo:* No tiene un nombre pijo, pero puedes adivinar su forma. Tiene diversas ramas que semejan los dedos del pie de un pato. El delta del Mississippi tiene esta forma.

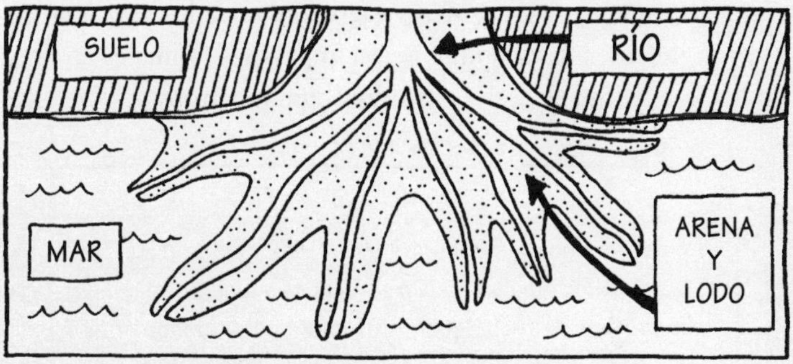

Algunos deltas son inmensos. El delta del río Ganges es gigantesco, casi tan grande como Inglaterra y Gales juntos. Y hablando de GRANDES, una de las islas del delta del Amazonas tiene casi el tamaño de Suiza. Algunos deltas siguen creciendo. Cada año, el río Mississippi deposita unos 500 millones de toneladas de lodo y arena en su delta, empujándolo más y más hacia el mar. Como viste en tu excursión, todo esa tierra es fabulosamente rica y fértil, en la que crecen frutales y vegetales. Pero la gente que vive en los deltas grandes corre un gran riesgo, porque esa tierra es tan plana y poco firme que es arrastrada rápidamente si el río se desborda.

No todos los ríos terminan en el mar. Algunos mueren en lagos. Aún más extraordinario: el río Okavango, en África, acaba en las arenas del desierto de Kalahari. ¿Queda un poco seco? Todo cambia en la estación de las lluvias cuando el río se desborda. Entonces el delta del desierto se convierte en un laberinto de pantanos humeantes y lagos flanqueados por una maraña de juncos. Un escondite perfecto para los animales amantes de los ríos, como el águila pescadora, hipopótamos y cocodrilos.

HABITANTES MUY HÚMEDOS

Los ríos son lugares maravillosos para observar la naturaleza. ¿Pero son lugares igualmente adecuados para vivir? Para cientos de animales y plantas, la vida en los ríos turbulentos no es todo un plácido discurrir. El río es un lugar muy arriesgado para vivir. En primer lugar, depende de qué parte de su curso elijas como morada.

Nacimiento

El agua está fría, va muy deprisa y no hay mucho que comer. Pero hay gran cantidad de oxígeno para respirar en el agua burbujeante (con tal que la corriente no te arrastre).

Tramo medio

El río discurre más lentamente, por lo que las plantas pueden arraigar en su lecho arenoso. Los bichos esconden sus larvas repugnantes entre ellas hasta que son engullidas por peces voraces.

Tramo final

El río es lento y perezoso y el agua más templada. En algunos lugares casi se detiene. Esto es magnífico para los animales como los escarabajos de agua que, por lo general, viven en aguas estancadas. Y aquí se sienten como en casa.

Características de sus moradores

¿Qué necesitas para soportar un aburrido día en la escuela? ¿Varias bolsas de pipas de girasol? ¿Unas bolsas de patatas fritas? ¿Una buena siesta durante la clase de geografía? Igual que tú, las criaturas del río necesitan ciertas cosas para sobrevivir. (Pensándolo bien, tú también las necesitas.) Y son:

- Oxígeno para respirar
- Alimento
- Un medio para ir de A a B
- Un lugar seguro donde refugiarse (o por lo menos algo a donde agarrarse). ¿Y cómo diantres lo hacen? Muchas criaturas tienen características especiales que les ayudan. Algunas son más raras que otras. Otras son realmente extraordinarias. Para saber más, ¿por qué no contestas este cuestionario?

Vivo o muerto

Hemos dado a las criaturas de la página siguiente unas características especiales para que les ayuden a sobrevivir en el río. Si crees que son ciertas di ¡VIVO! Si crees que son falsas, di ¡MUERTO! Reflexiona y piénsalo bien. Puede ser cuestión de vida o muerte.

1 Los peces llevan el oxígeno en una bombona cargada en su lomo. ¿VIVO O MUERTO?

2 Las tortugas matamata respiran a través de un tubo. ¿VIVO O MUERTO?

3 El pez arquero utiliza un arco y flechas para conseguir alimento. ¿VIVO O MUERTO?

4 Las larvas de las frigáneas pescan su alimento con red. ¿VIVO O MUERTO?

5 A algunos peces les encanta comer caca. ¿VIVO O MUERTO?

6 Algunos gusanos pasan toda su vida con la cabeza escondida en la arena. ¿VIVO O MUERTO?

7 El siluro o bagre se agarra a las rocas con los labios. ¿VIVO O MUERTO?

8 El mirlo acuático es un pájaro que odia el agua. ¿VIVO O MUERTO?

Respuestas:

1 ¡MUERTO! Los peces respiran el oxígeno del agua, no lo llevan en bombonas sujetas al lomo. Pero no respiran con los pulmones como tú o como yo, sino que respiran a través de las agallas o branquias que tienen a los lados de la cabeza. ¿Sabes por qué los peces hacen esos ruidos con la boca? (Abre y cierra la tuya deprisa y tendrás una idea.) Eso demuestra que siguen respirando. Mientras el pez nada, cierra sus agallas, abre la boca y traga agua. Luego cierra la boca, abre las agallas y espulsa el agua por entre ellas. El oxígeno del agua pasa a la sangre del pez. Sencillísimo.

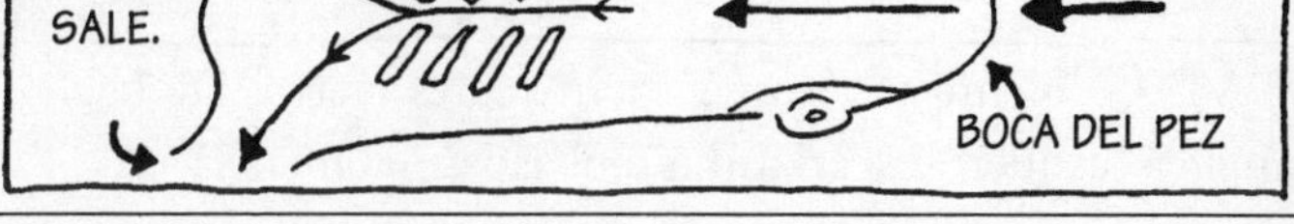

2 ¡VIVO! La tortuga matamata se esconde en el fondo de los ríos enlodados, pero, al no ser un pez, necesita respirar el oxígeno del aire. De manera que saca su cuello largo fuera del agua para que su nariz y su boca puedan aspirar aire. De esta forma, suele atrapar a cualquier pez que pase sin que éste se dé cuenta de que está allí. Muy astuta.

3 ¡MUERTO! El pez arquero no utiliza arcos y flechas, pero tiene un truco muy astuto para hacer sus presas. Dispara un escupitajo bien dirigido contra los insectos que se alimentan de vegetación en la superficie del agua. ¡No lo probéis en casa, chicos!

4 ¡VIVO! Las larvas de la frigánea viven en los ríos rápidos donde no hay mucho que comer. Pero esto no es un problema para estos feos bichos. Tejen telarañas entre dos guijarros y esperan a que las sabrosas y diminutas criaturas que arrastra el río queden atrapadas en ellas y les sirvan de alimento.

5 ¡VIVO! Siento tener que decir que es cierto. De hecho, muchas asquerosas criaturas del río se comen la caca de

otras. Todo empieza cuando las hojas muertas de los árboles caen al río y son comidas por seres como la larva de la mosca caddis y los cangrejos. Y con sus heces (es la palabra elegante para nombrar la caca) nuestros tontos peces se dan un festín.

6 ¡VIVO! Los gusanos tubifex pasan toda su vida con la cabeza en el lodo del fondo del río. ¿Por qué? Pues, porque filtran con la boca el alimento que encuentran en el lodo y agitan su cola para recoger oxígeno. Lo hacen todo al revés. ¿Curioso, no?

7 ¡VIVO! Poderse agarrar en un río rápido casi siempre es difícil. Muchas criaturas tienen pinzas o ventosas para agarrarse a las rocas resbaladizas. Pero los siluros tienen una manera muy curiosa de agarrarse. Propinan un gran besazo a la roca resbaladiza y se pegan a ella con sus lascivos labios.

8 ¡MUERTO! Al mirlo acuático le encanta el agua, cuanto más rápida mejor. De lo contrario se moriría de hambre. Este pájaro acuático vive de larvas. Para cazar su cena, se sumerge en el agua y camina por el fondo del río agitando sus alas para mantener el equilibrio mientras va picando la comida en las rocas. Su plumaje espeso y grasiento le mantiene caliente e impermeable.

Te oigo decir: «Todo esto está muy bien, ¿pero no es un poquitín infantil? Quiero decir que eso de peces que escupen y gusanos tímidos no está mal para el que le gusten esa clase de cosas, pero son cosas de niños. ¿No hay algo más siniestro y malvado?» De acuerdo, si es eso lo que quieres. Para la vida en el agua más salvaje y agresiva nos dirigiremos al río Amazonas. Pero ten cuidado, algunas de las criaturas que vas a conocer pueden ser muy desagradables. Muchísimo. Sobre todo si no han comido. ¿Aún quieres seguir? ¡Bueno, luego no digas que no te lo advertí.

Datos sobre ríos turbulentos

NOMBRE: Amazonas

SITUACIÓN: América del Sur

LONGITUD: 6.400 km

NACIMIENTO: En los Andes, Perú.

CUENCA: 7.050.000 km^2

DESEMBOCADURA: Muere en el océano Atlántico, en Brasil.

DATOS FLUVIALES:

- Es el río más caudaloso de la Tierra.
- Tiene por lo menos 1.000 afluentes conocidos (y puede que haya muchos mas esperando ser descubiertos).
- Es la morada de por lo menos 1.600 tipos de peces. ¡Diez veces más que en todos los ríos de Europa juntos! Y más que en todo el Atlántico.
- Los mayores bosques tropicales crecen a lo largo de sus orillas.

Algunos animales amazónicos que hay que evitar

Aquí Trotamundos. Me alegro de haberte pescado antes de que te fueras. Si estás decidido a emprender esta descabellada aventura, no seré yo quien te lo impida, pero por lo menos deja que te ambiente. He estado ayudando a la policía a seguir el rastro de los animales más peligrosos del Amazonas. Aquí tienes mi propio archivo secreto de los peores culpables. ¡Léelo y digiérelo antes de que ellos te digieran a ti!

Nombre: ANGUILA ELÉCTRICA

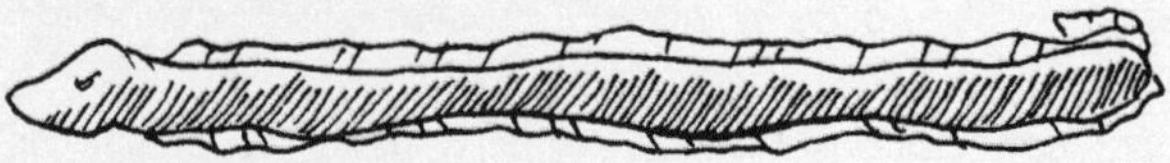

Descripción: Un pez en forma de cuchillo, 2 m de largo y un carácter muy agresivo.

Delitos conocidos: Atacar y matar peces y ranas inocentes (y seres humanos).

Método utilizado: Es algo realmente asombroso. La anguila mata a su presa con una descarga eléctrica (que sale de su cola). La descarga sólo dura un segundo pero la anguila tarda una hora en recargar sus baterías.

Enemigos conocidos: Ninguno. Trata a los predadores de la misma manera.

Informe de un testigo presencial:

No recuerdo haber recibido jamás una descarga tan terrible. Me afectó durante el resto del día con un fuerte dolor en las rodillas y en casi todas las articulaciones.

Alexander Von Humboldt, científico 1769-1859

Nombre: ANACONDA

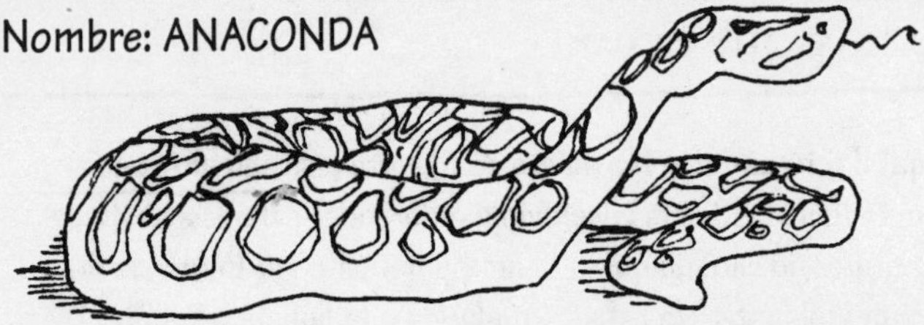

Descripción: La serpiente mayor del mundo. Este temible reptil mide 10 m de largo y uno de circunferencia en su parte central. (¿Te imaginas como será su abrazo? Incluso sus escamas son mayores que la uña de un dedo pulgar.

Delitos conocidos: Mata presas del tamaño de un ciervo, cabras y caimanes (son parientes de los cocodrilos). No te asustes (mucho). Los humanos no son lo bastante sabrosos para tentarla.

Método utilizado: Se enrosca en el cuerpo de la víctima hasta que la mata. Luego se la traga entera. ¡Glup!

Trucos conocidos: Se desliza por la orilla del río, ocultándose en espera de su presa. Completamente escondida, sólo asoman sus ojos sobre la superficie del agua. Luego salta. También trepa a los árboles, fingiendo ser una de sus ramas.

Enemigos conocidos:
Cuando son jóvenes, son devoradas por los caimanes (cocodrilos) y ocelotes. Pero las adultas están a salvo. Sólo su tamaño (pueden llegar a pesar 250 kg) evita los ataques.

Nota: Si te muerde una anaconda no retires el brazo de inmediato. Al contrario, mételo más aún en la boca de la serpiente. Los dientes de la anaconda se inclinan hacia atrás. Cuando la furtiva serpiente te suelte un segundo para agarrarte mejor, ¡entonces sácalo de un tirón!

Nombre: PIRAÑA

Descripción: Relativamente pequeña, ese escurridizo pez mide unos 36 cm de largo. Es el pez más mortal que se encuentra en agua dulce.
Delitos conocidos: Ataca todo lo que se mueve desde pececillos a caballos, y también a personas.
Método utilizado: Arranca la carne de sus víctimas con sus dientes triangulares y afilados como navajas. A veces atacan en manadas sediêntas de sangre. Una banda de esos tipos puede dar cuenta de una vaca en pocos minutos.

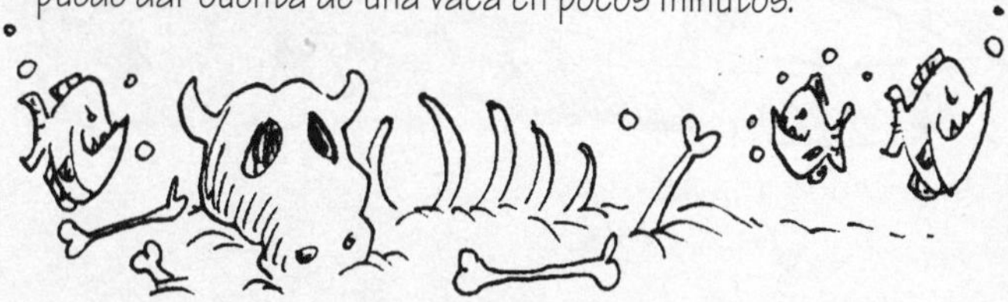

Enemigos conocidos: La gente. Los habitantes de la localidad pescan a las pirañas para comérselas. Al parecer, tienen un sabor entre pollo y pescado (las pirañas, no los habitantes).

¿Eres lo bastante valiente para intentar pescar pirañas?

Necesitarás:

- Un arco y flechas
- Algo de veneno de la piel de una rana venenosa. Para envenenar tus flechas, necesitarás cazar una rana. Procura no tocarla con las manos desnudas, envuélvetelas con hojas, que es lo que hace la gente de la localidad. Luego la ensartas con un pincho y la asas al fuego para que el veneno salga. Otra alternativa es pedir (por favor) a un cazador local que te dé un poco de veneno. ¡Una gota es más que suficiente para matar a todo un banco de peces!

- Una canoa impermeable.

Cómo debes hacerlo:

1 Moja la flecha en el veneno de la rana.
2 Rema hasta el centro del río.

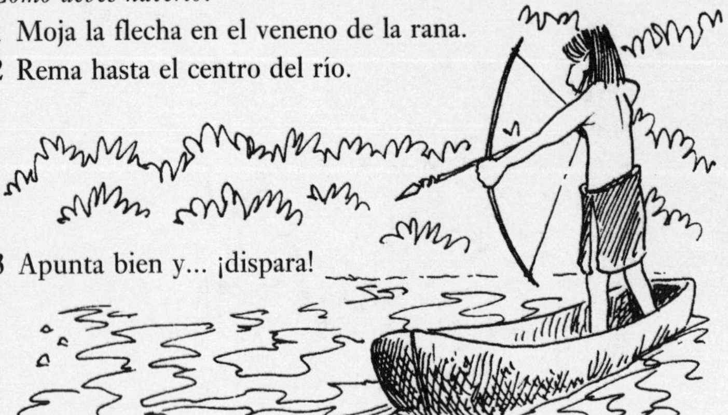

3 Apunta bien y... ¡dispara!

4 Cuidado con los dedos cuando cojas el pescado.

Idea para una receta: Para hacer monstruosos filetes de pescado, reboza las pirañas en harina y fríelas ligeramente en aceite. No te comas sus dientes.

Un hombre que probablemente hubiera dado su brazo derecho por una piraña recién frita fue el soldado tuerto y explorador español Francisco de Orellana (1490-1546). De hecho, cualquier otra cosa comestible le hubiera ido bien. Métete hasta el cuello en esta terrible historia de cómo Orellana se convirtió en el primer europeo que navegó por todo el río Amazonas, por casualidad, ¡y casi siempre con el estómago vacío!

Remontando el Amazonas sin canoa, entre 1540-1541

Los españoles habían llegado a América del Sur en 1540 con un sólo propósito: ¡ORO! No les interesaban los ríos ni la naturaleza. No. Querían enriquecerse y deprisa. Y no les importaba cómo. Su ambicioso cabecilla era un hombre llamado Gonzalo Pizarro que casualmente era primo de Francisco de Orellana. Tras varias semanas de marcha sin ver ni una sola pepita, al fin llegaron al río Napo exhaustos y hambrientos, seguidos de sus caballos, cerdos y perros de caza. Ya apenas les quedaba nada que comer, de modo que Gonzalo envió a Francisco de Orellana y 50 soldados en un bergantín en busca de alimentos frescos. «Y no tardéis mucho –les dijo, levantando la voz para hacerse oír por encima de los ruidos de su estómago. Me muero de hambre». ¿Lo adivinas? Jamás volvió a verles.

Orellana no tenía intención de dejar a su primo en la estacada. Bueno, por lo menos al principio. De verdad quería conseguir víveres y regresar. En serio. O por lo menos eso dijo. Pero al cabo de una semana en un viejo bergantín, no tuvo estómago para el viaje de regreso. ¿Quién dice que la sangre es más espesa que el agua? Por el contrario, hizo que sus hombres siguieran remando y dando tumbos por un río enorme. Era tan inmenso que al principio creyeron que era el mar. En realidad acababan de descubrir el Amazonas. Siguiendo días y días el río, llegaron al océano Atlántico y, desde allí, embarcaron para España. Hogar, dulce hogar.

Llegar al Atlántico no fue cosa de coser y cantar. En primer lugar, no tenían ni idea de la longitud del asombroso Amazonas que parecía continuar indefinidamente. Y los indígenas no siempre se alegraban de verlos. No es de extrañar: cuando el forzudo Orellana quería alimentos, atacaba un poblado y se servía él mismo. Había tiempo de sobra para pensar un nombre para el río. ¿Pero cuál escoger? Al final le llamaron como una banda de mujeres guerreras que, según él, les atacaron con arcos y flechas, y le recordaron las aguerridas mujeres llamadas amazonas de una leyenda griega*.

(Es raro, pero nadie más las volvió a ver nunca, por lo que nadie pudo comprobar si tenía razón o no.) El caso es, para no alargar la historia, que 4.750 km y ocho meses después, los españoles llegaron finalmente al mar.

¿Qué fue del temerario Francisco de Orellana cuando llegó a casa? ¿Tuvo problemas por habérsela jugado a su primo? Nada de eso. Al rey le parecieron tan emocionantes sus aventuras que le dejó en libertad y le nombró gobernador de las tierras descubiertas.

* A las amazonas (del griego ά-μαζών, sin pecho), de pequeñas se les cortaba un seno para que pudieran disparar mejor con el arco.

Francisco de Orellana fue propuesto y enviado de nuevo al Amazonas para reclamar el territorio para España. Pero jamás lo consiguió. Después de todo lo que había pasado: el calor, las moscas, las aguerridas «amazonas»... su barco naufragó en la desembocadura del río y él se ahogó.

Y en cuanto al pobre Gonzalo Pizarro (¿lo recuerdas?), bueno, esperó durante semanas a que volviera su primo Francisco. Cuando al fin comprendió que no iba a regresar, él y sus hambrientos hombres volvieron sobre sus pasos hasta conseguir llegar a la ciudad de Quito en Ecuador. Hasta entonces habían tenido que sobrevivir gracias a una dieta estricta de serpientes, insectos e incluso de sus cinturones de cuero y sillas de montar hervidas en agua y hierbas aromáticas. Hummm. Duro de roer. De los 350 hombres que partieron, habían muerto tantos de hambre, enfermedades o devorados por caimanes y jaguares que sólo 80 volvieron a Quito.

Dato preocupante

Todo lo del Amazonas es a lo grande. Qué digo grande: ¡enorme! Por ejemplo, los nenúfares. Olvida esas insignificancias que ves flotando en el estanque del jardín de tu vecino o en los estanques el parque. Allí sus hojas son GRANDES, con mayúsculas: GRANDES, lo suficiente para que tu hermanita pequeña pueda tumbarse encima de una de ellas. No tengas miedo de que se caiga, esas hojas tienen muchos espacios que se llenan de aire (como un globo en forma de hoja) que hacen que flote en el agua. (¡Ah, no estabas preocupado, lo siento!) Unas espinas agudas que tienen debajo impiden que las hojas sean mordidas por los peces o que sufran un maldito pinchazo.

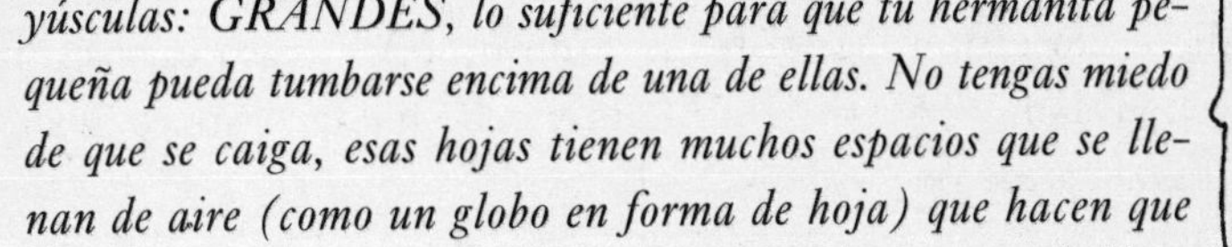

Jardinería fluvial

Si piensas montar un jardín en tu río y no sabes qué follaje fluvial escoger, no busques más. La ayuda la encontrarás en nuestra guía para plantar en las orillas de los ríos. Y si tú no sabes distinguir las semillas de los nenúfares, será mejor que pidas consejo a tía Flora, la mismísima tía de Trotamundos.

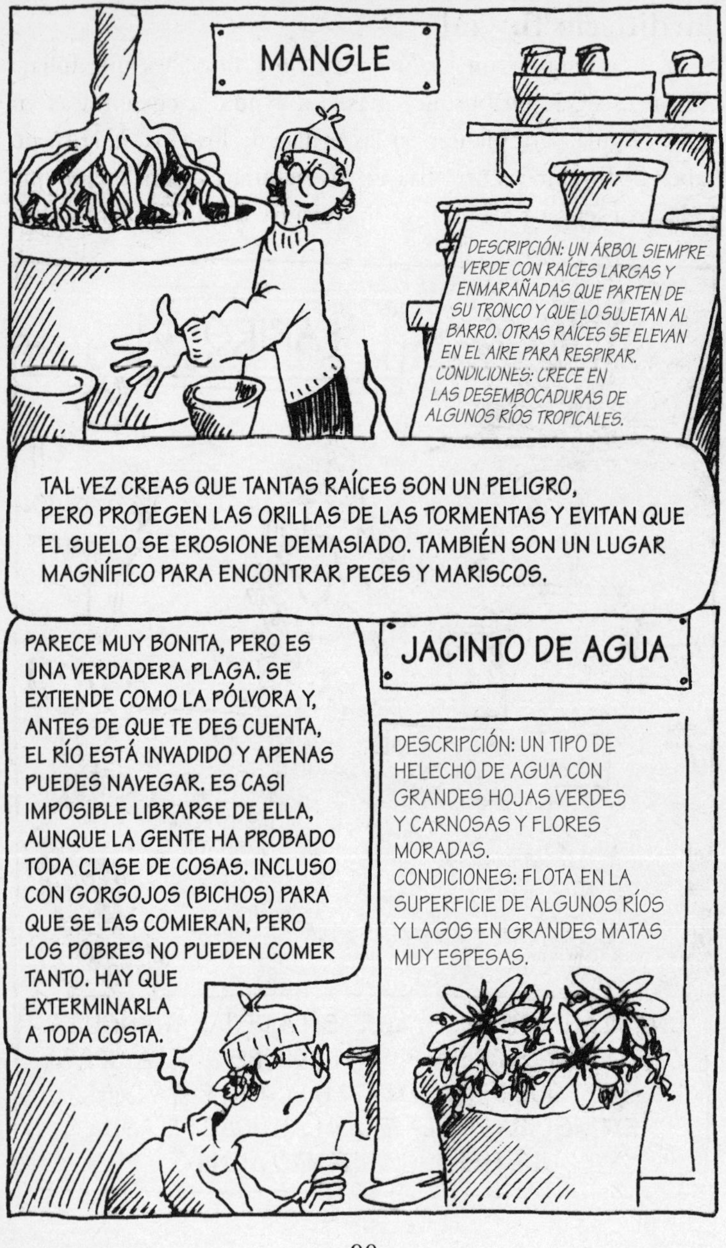
MANGLE
DESCRIPCIÓN: UN ÁRBOL SIEMPRE VERDE CON RAÍCES LARGAS Y ENMARAÑADAS QUE PARTEN DE SU TRONCO Y QUE LO SUJETAN AL BARRO. OTRAS RAÍCES SE ELEVAN EN EL AIRE PARA RESPIRAR.
CONDICIONES: CRECE EN LAS DESEMBOCADURAS DE ALGUNOS RÍOS TROPICALES.
TAL VEZ CREAS QUE TANTAS RAÍCES SON UN PELIGRO, PERO PROTEGEN LAS ORILLAS DE LAS TORMENTAS Y EVITAN QUE EL SUELO SE EROSIONE DEMASIADO. TAMBIÉN SON UN LUGAR MAGNÍFICO PARA ENCONTRAR PECES Y MARISCOS.
PARECE MUY BONITA, PERO ES UNA VERDADERA PLAGA. SE EXTIENDE COMO LA PÓLVORA Y, ANTES DE QUE TE DES CUENTA, EL RÍO ESTÁ INVADIDO Y APENAS PUEDES NAVEGAR. ES CASI IMPOSIBLE LIBRARSE DE ELLA, AUNQUE LA GENTE HA PROBADO TODA CLASE DE COSAS. INCLUSO CON GORGOJOS (BICHOS) PARA QUE SE LAS COMIERAN, PERO LOS POBRES NO PUEDEN COMER TANTO. HAY QUE EXTERMINARLA A TODA COSTA.
JACINTO DE AGUA
DESCRIPCIÓN: UN TIPO DE HELECHO DE AGUA CON GRANDES HOJAS VERDES Y CARNOSAS Y FLORES MORADAS.
CONDICIONES: FLOTA EN LA SUPERFICIE DE ALGUNOS RÍOS Y LAGOS EN GRANDES MATAS MUY ESPESAS.

Pero las mordaces pirañas, las anguilas eléctricas y los enormes nenúfares no son las únicas muestras de vida salvaje que puedes encontrar cerca de los ríos. Hay algo mucho más extraño que pulula entre las algas. ¿Qué es? ¡Los horribles humanos, naturalmente! No te pierdas el próximo capítulo.

VIVIR JUNTO A RÍOS TURBULENTOS

A pesar de los peligros, los horribles humanos han vivido junto a los ríos durante miles de años. ¿Recuerdas la antigua Roma? No es la única. Algunas de las ciudades más antiguas del mundo, pueblos e incluso civilizaciones enteras se han erigido junto a ríos turbulentos. Los ríos han sido y siguen siendo muy importantes para los humanos. Tan importantes que los antiguos egipcios incluso hicieron su calendario con uno.

Fijando fechas

Los egipcios solían hacer sus calendarios guiándose por las estrellas. Una estrella en particular. El año empezaba en junio cuando Sirio, la estrella perro, aparecía en el cielo. De acuerdo, dices tú, pero quizás eran astrónomos de primera. ¿Y qué diantres tiene todo esto que ver con los ríos? Pues bien, Sirio marcaba también el inicio de la crecida anual del río Nilo. Esto ocurría cuando las intensas lluvias primaverales derretían la nieve de las montañas de Etiopía y hacían descender cantidades inmensas de agua hasta el Nilo. En junio, el desbordamiento había llegado a Egipto. El agua dejaba a su paso un suelo negro, denso, rico y fértil en el que los egipcios cultivaban cosechas abundantes.

Pero el río era algo más que una manera cómoda de recordar que había que invitar a los amigos para la fiesta de Año Nuevo. Era vital para la vida en el Antiguo Egipto. Verás, el Antiguo

Egipto era en su mayor parte un desierto seco y polvoriento donde nada crecía. Sin el río Nilo, no hubieran tenido nada que comer, ni agua que beber, ni medio para viajar y visitar a los parientes, ni parientes que visitar ni la historia del Antiguo Egipto que estudiar...

Para ver lo mucho que los egipcios confiaban en su notable río, pon los relojes de cara a la pared. Imagina que eres un granjero egipcio. ¿Por qué no te haces llamar Hapi (si eres un chico) o Anukis (si eres niña) para que te ayude a representar tu papel?

Aquí tienes cómo hubiera sido un año de tu vida:

1 Junio-Octubre: El río crece

El río turbulento ahora baja crecido y los campos quedan anegados. Tú alquilas los campos a un rico hacendado que recibe una parte de tu cosecha. Afortunadamente para ti, están al borde del río, que es el mejor sitio donde pueden estar. Demasiado alejados, el agua no les hubiera llegado. Pero durante la crecida no se puede cultivar. ¿Es hora de descansar un poco? De ninguna manera. Durante la crecida, el gobierno envía a los campesinos como tú a ayudar en la construcción de pirámides y tumbas para el faraón.

2 Octubre-Marzo: Hay que sembrar

Has regresado de la obra y la crecida disminuye. Antes de que te des cuenta, ya se ha ido de tu finca. Aras los campos con tu arado de madera tirado por dos fieles bueyes. Si fueras muy pobre tendrías que tirar tú mismo del arado. Luego lanzas puñados de semillas en el rico suelo de la orilla y te preparas para un círculo ininterrumpido de siembra y riego. Es un trabajo agotador que te parte la espalda.

3 Marzo-Junio: Hay que recoger la cosecha antes de volver a 1.

Es hora de afilar tu hoz (un cuchillo curvado de pedernal) y ponerte a recoger la cosecha. El recaudador de impuestos no tardará en aparecer para decirte cuánto puedes quedarte para ti y cuánto has de dar al hacendado y lo que le corresponde al faraón. Si no puedes pagar te azotarán. Y antes de que goces de un merecido descanso, no te olvides de conectar los surcos que transportan el agua del río a tus campos. De lo contrario, se secarán y te quedarás sin nada.

Broma para el profesor

Haz que tu profesor monte en cólera con esta excusa por haberte perdido la clase de geografía:

¿Qué diantres has ido a hacer?

Respuesta: No sé si tú, pero un antiguo egipcio hubiera ido a mirar una serie de marcas hechas en las rocas de la orilla del río para señalar la altura de la crecida del año pasado. Si el nivel del río subiera demasiado, tu casa y tus campos podrían desaparecer. Si fuese demasiado bajo ya podrías despedirte de la cosecha de este año.

El Nilo ya no se desborda gracias a la asombrosa presa de Asuán que ahora tiene la crecida controlada. Lo bueno es que ahora Egipto ya no sufre inundaciones devastadoras. Y lo malo es que, al no haber crecidas, el suelo tampoco es negro, rico y fértil.

De manera que los campesinos han de echar mano de fertilizantes para reavivar sus campos cansados. Y esto no sólo es caro, sino que envenena el agua del río. Es como bautizar el vino.

La vida en el río: La húmeda verdad

A pesar de los inconvenientes, unos 50 millones de personas siguen confiando en el Nilo para seguir viviendo. Y no son las únicas. La vida de millones de seres de todo el mundo sigue dependiendo de los ríos. ¿Y por qué? ¿Por qué vivir en el río es una solución para ellos? ¿Qué les ofrecen los ríos que no encuentran en terreno seco? Algunos dicen que la vista del paisaje. Otros que vivir junto a un río resulta relajante, pero la verdadera razón de por qué la gente vive cerca de los turbulentos ríos es el agua.

Dato intrigante

Todo lo que tiene vida se compone principalmente de agua. Incluidos los horribles humanos. ¿Tienes tú tanta agua como una lechuga? Tanta no. En una hoja de lechuga hay un 95% de agua y en una patata un 80%. Tú tienes un 70%, pero aún así significa que tienes dos terceras partes de agua. ¿Qué dos terceras partes son?

El agua es maravillosa

¿Cuánta agua gastas en un día? Es muy probable que no se te haya ocurrido pensarlo. Bien, prepárate para una sorpresa. La respuesta es más de 150 litros, que es lo mismo que dos bañeras grandes llenas o 600 latas de coca-cola.

Aquí tienes algunas de las cosas que puedes hacer con toda esa cantidad de H_2O. Puedes:

• **Beberla.** El agua es indispensable para vivir. Sin ella, morirías de sed a los pocos días. ¿Pero sabías que la mayor parte de agua potable viene de los ríos? Si quieres un vaso de agua para aplacar tu sed, sencillamente abre el grifo. ¿Pero cómo diantres llega esa agua hasta allí? Aquí tienes cómo el agua llega a tu grifo:

1 Se construye un dique en el río...

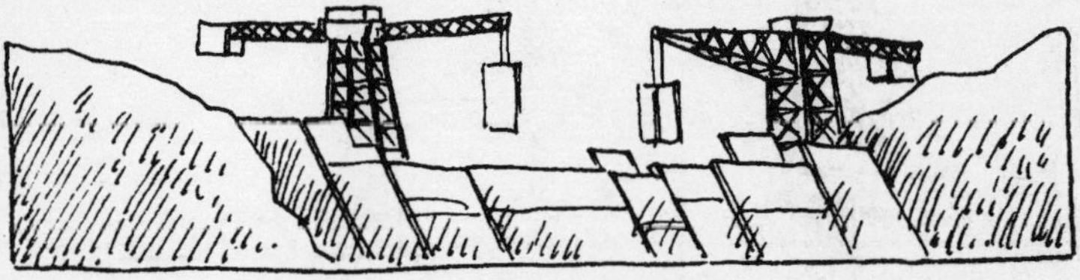

2 ... que forma un gran lago llamado embalse.

3 El agua pasa de allí a través de tuberías hasta una depuradora que la potabiliza.

4 Primero el agua pasa a través de un filtro para quitarle ramitas, hojas e impurezas.

5 Luego pasa por un lecho de arena fina que filtra la suciedad.

6 Se le añade un gas llamado cloro para matar los gérmenes.

7 Luego el agua pasa por tuberías subterráneas y, después, por otras más pequeñas que entran en tu casa.

¡Aviso sobre el agua sucia!
Tú eres uno de los afortunados. En los países más pobres del mundo, mucha gente bebe el agua directamente de los ríos. Y como el río sirve al mismo tiempo como cuarto de baño y vertedero, suele estar muy sucio y plagado de gérmenes nocivos que pueden contagiar toda clase de enfermedades como el cólera o disentería y causar diarreas graves. Para empeorar las cosas, la gente tiene que caminar kilómetros y kilómetros para recoger esa agua sucia cada día. Piénsalo la próxima vez que abras el grifo.

- **Lavarte.** En limpieza se gastan cientos de litros de agua de río a diario. Tú utilizas unos 20 litros cuando te duchas, 80 litros cada vez que te bañas, 10 en cada descarga del váter y unos 100 cada vez que funciona el lavavajillas.

a) Dúchate en vez de bañarte. Ahorrarás unos 60 litros de agua. (Claro que si prescindes de las dos cosas ahorrarás mucho más, pero acabarías oliendo mal.)

b) No dejes el grifo abierto mientras te lavas los dientes. (Pero no olvides cepillártelos dos veces al día.)

c) Mete medio ladrillo en la cisterna del váter. (Antes pide permiso.) Reducirá un tercio el agua de cada descarga. (No te preocupes, seguirá siendo suficiente.)

- **Regar los campos.** La agricultura necesita mucha agua. ¡Para que crezca un kilo de arroz se gastan 35 bañeras llenas de agua! Dios sabe cuánta agua de la bañera se utiliza para guisar la comida de tu escuela. Algunos de los terrenos más ricos del mundo para la agricultura se encuentran en los deltas de los ríos donde siempre hay un buen suministro de agua. Por ejemplo, el delta del río Mekong en Vietnam. Es como un gigantesco arrozal en el que se cultiva la mitad del arroz que se consume en el mundo. Algunas veces el agua necesita que le echen una mano, y es bombeada y rociada en los campos a los que llega por un canal, e incluso está controlada por ordenador. Su nombre técnico es irrigación.

Los antiguos egipcios conocían todo lo referente a la irrigación. Utilizaban un artilugio muy ingenioso llamado *chaduf* para refrescar sus campos. Era sencillo pero genial. De hecho, funcionaba tan bien que hoy en día se sigue utilizando. ¿Eres lo bastante «manitas» para hacerte tu propio *chaduf*?

Necesitarás:

- Tres cañas de un metro y medio de largo.
- Una caña de 1,75 m.
- Un trozo de cuerda o bramante fuerte.
- Un cubo pequeño.
- Una bolsa de arena. (Nota: para saber lo grande que ha de ser la bolsa, llena el cubo de agua. La bolsa ha de pesar lo mismo.)
- Un adulto fuerte para que te ayude.

Cómo debes hacerlo:

1 Atar las tres cañas juntas en forma de trípode.

2 Asienta el trípode firmemente en el suelo.

3 Ata el centro de la caña más larga en lo alto del trípode. (Esta caña es el brazo de la balanza.)

4 Ata el cubo a un extremo y...

5 ... la bolsa de arena al otro para equilibrarla.

Cómo funciona:
Los campesinos utilizan el *chaduf* para sacar agua del río y verterla en sus campos. Primero suben el extremo pesado y bajan el cubo hasta meterlo dentro del agua. Luego lo bajan para subir el cubo lleno. ¡Fácil, eh! Lo cual significa que un agricultor puede sacar miles de litros de agua él solito cada día. Es mucho más rápido y más sencillo que llenar los cubos a mano (y uno se ahorra el agacharse tantas veces). No te olvides de pedir permiso antes de probar tu *chaduf* en el huerto lleno de ejemplares de tomates campeones de tu papá!

- **Pescar tu comida**

1 Olvida los barcos de pesca de alta tecnología con sus adelantos. Olvida la caña de pescar y los sedales. Vas a pescar al estilo del río Amazonas. Allí, los pescadores golpean el agua con ramos de sarmientos hasta que sueltan su jugo ponzoñoso. Así los peces mueren y flotan en la superficie, donde son recogidos con cestos y redes. ¿Curioso, no?

2 Necesitarás una cesta del tamaño de un bote pequeño para atrapar a un pirarucu. Es el pez de río de mayor tamaño. Vive en el Amazonas y pesa unos 200 kilos. ¡Cuatro veces más que tú! Se come seco o en salazón. Al parecer, su sabor es muy parecido al del bacalao.

3 Si no puedes ir hasta un río, tráete el río a tu casa. ¡Algunos campesinos del delta del río Mekong cogen los peces debajo del suelo de su sala de estar! Sus casas han sido construidas en el río sobre postes. Cada día, abren la trampilla del suelo y alimentan a los peces para engordarlos y venderlos en el mercado. (No lo intentéis en casa, chicos, conformaos con los peces dorados!)

- **Iluminar tu casa.** La próxima vez que enciendas la luz, piensa de dónde viene toda esa electricidad. La respuesta podría ser –lo has adivinado–: de un río. Cerca de una quinta parte de toda la electricidad viene de los turbulentos ríos. Es barata, limpia y no se agota. Para conseguirla, se necesita un río turbulento y una presa. Cuando el agua salta por la presa, hace girar las aspas de una rueda llamada turbina, que a su vez mueve un eje que acciona un generador que produce la electricidad.

¿Lo has pescado? Técnicamente se llama hidroelectricidad (*hidro* significa agua). Es mejor si el río desciende con fuerza montaña abajo. Por eso las cataratas del Niágara son impresionantes.

• **Tu fábrica funciona gracias al agua.** ¿Cuánta agua se precisa para fabricar un automóvil? Adelante, a ver si lo adivinas, no es una pregunta con truco. La respuesta es 50 bañeras llenas. Es la cantidad de agua que se emplea en la fundición para hacer la carrocería de un coche. Las fábricas necesitan enormes cantidades de agua para convertir las materias primas en los artículos que usamos. Se emplea para procesar los materiales. Eso significa lavarlos, mezclarlos y luego enfriarlos. Por eso muchas fábricas están situadas cerca de los ríos para poder utilizar su agua. Tomemos por ejemplo el Rin:

Datos sobre ríos turbulentos

NOMBRE: Rin
SITUACIÓN: Europa Central
LONGITUD: 1.390 km
NACIMIENTO: En pequeños arroyos de los Alpes suizos.
CUENCA: 220.000 km^2
DESEMBOCADURA: Muere en el Mar del Norte, cerca de Rotterdam, en Holanda.
DATOS FLUVIALES:

- Debido a que discurre por el corazón de Europa y cruza muchos países industriales, es el río con más tráfico del mundo. Hay en él un movimiento constante de remolcadores y barcazas transportando acero, minerales, contenedores, automóviles, grano, carbón, copra, madera, petróleo, etc.
- El puerto de Rotterdam es el de mayor actividad de todo el mundo. Cada año mueve unos 300 millones de toneladas de mercancías y unos 30.000 barcos atracan en él.
- El río Ruhr es un afluente del Rin. En sus orillas hay cientos de fábricas de productos químicos, hierro, acero, automóviles y ordenadores.

¡Aviso: Aguas contaminadas!
En 1970, las fábricas y granjas habían vertido tanta basura al Rin que fue declarado ¡MUERTO! Comenzó una limpieza masiva. Luego, en 1986 las cosas fueron de mal en peor. El incendio de una fábrica de productos químicos en Suiza, vertió 30 toneladas tóxicas directamente al río. Este cóctel letal tiñó al río de un color rojo chillón y mató a un millón de peces. Fue horrible. Parte del río fue cortada y la campaña de limpieza tuvo que volver a empezar.

Deambulando por el río

¿Qué más puedes hacer con un río turbulento? Pues, meterte en él, naturalmente. (Aunque ten cuidado, los ríos pueden ser muy peligrosos.) Si buscas un sitio para divertirte ¿por qué no vas al pueblo Discurre-Sin-Prisas donde hoy se celebra su concurso anual deportivo?

PESCA CON CAÑA
¡A VER SI PUEDES BATIR EL RÉCORD MUNDIAL DE MAYOR NÚMERO DE PIEZAS COBRADAS, QUE ESTÁ EN 625 EN UN SOLO DÍA!
REMO
¡CUIDADO, NO TE AGARRE UN CANGREJO! (TÉRMINO QUE SE DA EN ALGUNOS LUGARES PARA EXPRESAR QUE TU REMO SE HA CLAVADO EN EL SUELO.)
NATACIÓN
¡CUIDADO NO SE TE LLEVE LA CORRIENTE!
PIRAGÜISMO
¡NO VAYAS A VOLCAR!
WIND-SURFING
¡QUE TE LA VAS A PEGAR!
EXCURSIONISMO
¡VUELVE ESTE AÑO A PETICIÓN DEL PÚBLICO! PREMIO ESPECIAL PARA EL BOCATA MÁS ORIGINAL. EL GANADOR DEL AÑO PASADO:
PIRAÑA + MAYONESA + BERROS.

Dato conmovedor

Si hubieras vivido en Gran Bretaña en 1700, hubieras disfrutado de un día muy distinto en el río Támesis. Por aquel entonces, algunos inviernos eran tan fríos que el río se helaba. La capa de hielo era tan gruesa que hubiera soportado el peso de un elefante (si hubiera habido alguno por allí). Si no morías congelado, podías ir a la feria del río con atracciones, polichinelas, patinaje y tiro con arco. Durante los años 1683-84 incluso se celebraba la caza del zorro. Y antes de regresar a casa podías conseguir de recuerdo un certificado de tu visita impreso en el hielo.

Lamentablemente, hoy esto no podría ocurrir porque Londres es mucho más grande, produce más calor, sus fábricas vierten toneladas de agua caliente y esto impide que el río se hiele.

¿Te atreves a bajar por los rápidos?

Si lo que buscas son aventuras, ¿por qué no pruebas suerte haciendo rafting? ¿Eres valiente? Tendrás que serlo. Rafting significa tener que salvar muchos obstáculos, como grandes peñascos y corrientes rápidas en una embarcación hinchable. ¿Lo has pensado bien? ¿Qué te parece si te acompaña Trotamundos para enseñarte cómo se hace?

Necesitarás:

- Un río turbulento
- Una embarcación hinchable muy resistente
- Un remo (con una sola pala)
- Un chaleco salvavidas
- Un traje impermeable y un casco
- Otras cinco víctimas (perdón, voluntarios) que te acompañen

Cómo debes hacerlo:

1 Hincha tu embarcación en la orilla.

2 Subid a bordo. Tres de vosotros os sentaréis a un lado de la embarcación, otros tres al otro lado y Trotamundos detrás, junto al timón. Será el timonel y dará las órdenes.

3 Remad suavemente hasta el centro del río y luego seguid recto. Procurad remar al unísono y a buen ritmo.

4 Os esperan los rápidos. Hay que buscar el paso con menos rocas. No vayáis a chocar y pinchar. Si está en el centro, Trotamundos os dirá que sigáis recto. Para virar (girar) a estribor (sí, a la derecha) hay que seguir remando por babor (izquierda, lo has adivinado). Y si queréis virar a babor, rema si estás a estribor. (Nota: para frenar hay que remar en sentido inverso.)
5 Justo antes de llegar a los rápidos, tumbaos en el fondo de la embarcación para no salir disparados por la borda cuando paséis por encima. Y prepárate para mojarte. Mojarte y... ¡calarte hasta los huesos!

6 Cuando (esperemos que sea así) lleguéis al otro lado, dirigid la embarcación hacia la orilla y tú desembarca. Oh, si eres valiente, quédate a bordo y prepárate para las próximas series de rápidos...

Unos cuantos consejos más que te serán muy útiles:

Trotamundos se considera un experto en rafting, de modo que veamos cómo lo hace... ¡y no te rías!

- Elige los rápidos con cuidado. Están clasificados en una escala del 1 al 6. Los del grado 6 son «casi imposibles y muy peligrosos, únicamente para expertos». Son tremendos.

¿Y si empezaras por un grado inferior, por ejemplo el 2...?

... o el grado 3.

- Mejor aún, únete a un grupo y que os acompañe un experto. Te ayudarán si corres peligro, ¡si ellos no lo corren primero!

- Si caes al río, intenta nadar hasta el fondo de los rápidos donde el agua es menos turbulenta. Luego alcanza la orilla y sal del agua. Y hagas lo que hagas, no sueltes el remo. O estarías perdido sin él...

No te preocupes si el rafting no es para ti. Estás en buena compañía. Algunas veces hasta los expertos encuentran mucho más de lo que buscan. Quizá prefieras descansar en la orilla y leer las distintas maneras de descender por un río sin mojarte. Y de paso, conocer a algunos auténticos exploradores de los ríos.

RÍOS INEXPLORADOS

Durante siglos, la gente ha utilizado los ríos para ir de A a B. Olvida los aburridos coches, trenes y aviones. Si querías visitar a tu tía en el pueblo vecino, lo más rápido era ir por el río. Hoy en día los ríos se siguen utilizando para trasladar a personas y mercancías, pero en muchas partes del mundo, los automóviles, trenes y aviones han ocupado su puesto.

Pero el río turbulento no siempre tiene el final a la vista. Algunas veces intrépidos exploradores han remontado los ríos sin saber a dónde diantres iban. Y a menudo, sin tener idea de lo que había más allá de cada recodo y mucho menos de cómo volverían a casa. A veces era mejor no saberlo. Entonces ¿por qué lo hacían? Unas veces porque les ofrecían recompensas. Pero las más, sencillamente, por la emoción de vivir una aventura espeluznante.

Remontando el Níger

En el siglo XVIII, algunos geógrafos londinenses formaron una asociación para el estudio de los ríos africanos.

Pero no era sólo un descubrimiento geográfico lo que tenían en mente. Querían encontrar una ruta comercial en África para ganar mucho dinero. Necesitaban desesperadamente alguien que fuera a explorar el río Níger (todos los que habían enviado habían muerto o desaparecido). Y en 1795 encontraron al voluntario perfecto: un joven y avispado doctor escocés llamado Mungo Park (1771-1806). Su misión era seguir el río en toda su longitud desde su nacimiento a su desembocadura. Pero primero había que encontrarla. Y eso era más fácil decirlo que hacerlo. En esta página verás como Mungo pudo haber descrito su viaje en sus cartas a su jefe, Henry Beaufoy:

Datos sobre ríos turbulentos

NOMBRE: Níger

SITUACIÓN: Oeste de África

LONGITUD: 4.200 km

NACIMIENTO: Un barranco profundo en Fouta Djallon Highlands, Guinea.

CUENCA: 188.340.000 km^2

DESEMBOCADURA: Muere en el golfo de Guinea, en Nigeria.

DATOS FLUVIALES:

- Es el tercer río en longitud de África, después del Nilo y del Congo.
- En su delta se han encontrado depósitos de petróleo y gas.
- El nombre de Níger viene de la palabra africana *n'ger-n-gereo* que significa río grande.

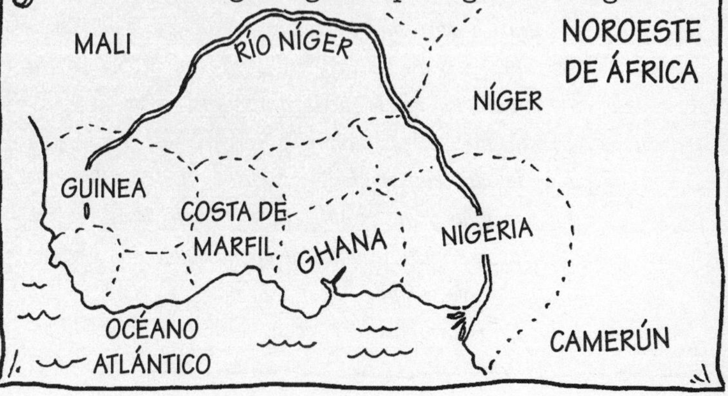

Pesadilla en el Níger

Un pueblecito de África, 30 de marzo de 1796

Querido señor Beaufoy:

Gracias por su carta y por subirme el sueldo (¡yupi!). Quince chelines al día es muy generoso de su parte. Y ha llegado en el momento oportuno (pero de eso hablaré más adelante).

No sé por donde diantres empezar a contarle mis aventuras. El viaje desde Inglaterra fue muy agradable. El barco era cómodo, el tiempo bueno y la travesía duró 30 días justos. Al desembarcar en África, me dirigí al río Gambia, según lo previsto, y luego continué por tierra a caballo. (Debo confesar que todavía me duelen las posaderas.)

Durante varios días atravesamos tierras llanas cubiertas de hierba que me hacían añorar mis amadas colinas escocesas. El tiempo era un problema. Un calor insoportable durante el día y por la noche te helabas hasta los huesos. ¡Y llovía SIN PARAR! Yo pasaba la mayor parte del día empapado. Verá usted, un jefe local se enamoró de mi paraguas y me vi obligado a dárselo como regalo. (Era un hombre al que no se le podía decir que no). No obstante, yo seguí con mi proyecto para llegar a la meta. Después, el día de Navidad, las cosas cambiaron para ir de mal en peor.

Una banda de bandidos asesinos nos asaltaron y robaron casi todo lo que teníamos. ¡Hasta los botones de mi chaleco! ¡Y a plena luz del día! Luego, como remate final, me detuvieron acusado de espía. ¡A mí, que jamás he espiado a nadie en toda mi vida! Intenté convencerles a mi manera (ya sabe usted que me precio de saber hablar), pero acabé encerrado en la cárcel local.

Bien, en un descuido de los guardias, conseguí escapar con lo puesto. Pero me encontraba en una situación muy difícil. No sé lo que hubiera sido de mí si una amable anciana no me hubiera dado de comer aunque apenas tenía comida para ella. (De manera que ya ve que el aumento de sueldo me ha venido de perlas.)

Afortunadamente, los ladrones no echaron mano a mis preciosos papeles que siempre llevo debajo de la badana de mi sombrero. Le agradará saber que he tomado muchas notas de las costumbres locales (con un capítulo dedicado especialmente a las cárceles) que estoy deseando mostrarle a mi regreso, si es que regreso algún día. Hasta entonces seguiré con mi cometido.

Suyo, atentamente
Mungo Park

Segón, en el Níger, Mali, 20 de julio de 1796

Querido señor Beaufoy:

¡Lo hemos encontrado! y fluye hacia el este y no hacia el oeste como todo el mundo pensaba. Como me ha levantado el ánimo verlo brillando al sol de la mañana, como el viejo Támesis en Wensmister... ¡ES MARAVILLOSO! Estoy tan emocionado. ¡Yupiii!

Adiós por ahora
Mungo Park

PD: Esto... lo siento. Me he dejado llevar por mi entusiasmo. Es vergonzoso en un científico como yo. Le prometo que no volverá a suceder.

En algún lugar del Níger, 30 de julio de 1796

Querido señor Beaufoy:

Basta, se acabó. No puedo continuar. Estoy cansado, mojado, sin un céntimo y mi pobre y viejo caballo está hecho una calamidad.

Lo intenté, de veras. Pero cuando digo basta es basta. Verá usted, no tenía dinero para una canoa. (Me volvieron a robar. Adiós a mi aumento de sueldo.) Así que más muertos que vivos, mi caballo y yo seguimos río abajo en busca de la desembocadura del río. Pero de eso hace ahora diez días y no la he encontrado. Pregunté a un muchacho de la localidad si sabía a donde iba a parar el río y me replicó con tristeza, «Al fin de la Tierra». Yo estoy dispuesto a creerle.

Su decepcionado, Mungo Park

Exhausto, deshecho y amargamente decepcionado, Mungo Park regresó a casa. Todavía sufría pesadillas por culpa de las cárceles, pero las cosas se animaron rápidamente. Escribió un libro de viajes que se vendió mucho y se hizo un nombre. (Bueno, ¿tú olvidarías un nombre como Mungo? Y a su regreso conoció y se casó con la bella Alison y se instaló en Escocia para vivir feliz a partir de entonces. En realidad, sólo fue por poco tiempo. A pesar de todo. Mungo no podía apartar a África de su pensamiento, Cuando le ofrecieron otra investigación para volver al Níger, salió disparado hacia allí como una bala. Pero aún encontró tiempo para escribir a su esposa...

En algún lugar en el oeste de África, 13 de junio de 1805

Mi querida Allie:

Me encuentro a medio camino de nuestro viaje y las cosas van muy bien, supongo. ¿A quién quiero engañar? Ha sido un desastre. (¡Mira que dejar las cosas para el último momento!) Ha habido un retraso detrás de otro. Primero, los soldados que enviaron para acompañarme no aparecieron (y cuando lo hicieron, eran un atajo de maleducados); luego, faltaban los víveres.

El caso es que al final partimos. Ya sé lo que estás pensando, querida. La estación de las lluvias estaba a punto de empezar, sería una locura ir a alguna parte. ¿Pero que otra opción tenía yo? De haber esperado más ya no hubiera sido necesario ir. Y cuanto antes fuésemos, antes regresaríamos a nuestras casas...

Te echo terriblemente de menos. Por favor, no te preocupes. No me pasará nada.

Tu enamorado Mungo

Chapoteando en el Níger, 17 de noviembre de 1805

Mi querida Allie:

Al fin llegamos al Níger el 19 de agosto. Perdona que no te haya escrito antes pero he estado muy ocupado en otras cosas. A decir verdad, las cosas han ido de mal en peor. Las lluvias lo han puesto todo embarrado y lento (ya sé, tú me lo dijiste), y muy pocos de mis hombres han podido seguir adelante. Supongo que un tipo más sensato se hubiera dado por vencido y ya estaría de vuelta a casa, pero ya me conoces, querida. Una vez tomo la decisión de hacer algo, me gusta llegar hasta el amargo final. Llámame tonto y testarudo, si quieres.

Las cosas se animaron un poco cuando el jefe local me prometió un par de canoas. Pero resultaron que estaban podridas y llenas de agujeros.

Salvé lo que pude de la madera buena y, a base de remiendos, conseguí hacer un bote. Entraba un poco de agua, pero no tenía otra cosa. Y ahora vamos río abajo. Así que ya ves, querida, que el final está ya cerca.

Queridísima, te mando esta carta por correo que será más rápido que por barco. Mas es posible que yo esté en casa mucho antes de que llegue a tus manos.

Ojalá tú estuvieras aquí o yo ahí.

Con todo mi cariño
Tu Mungo

El remojón final

Si sólo te gustan las historias con un final feliz, sáltate los próximos párrafos. Ésta fue la última carta de Mungo a su esposa. Jamás se volvió a saber de él. Únicamente su guía local quedó para rellenar lagunas. Según él, Mungo navegó 2.400 km río abajo, luchando contra canoas enemigas e inoportunos hipopótamos. Otros 960 km más y hubiera llegado a la desembocadura del río y al final de su viaje. Pero surgió el desastre. Mungo cayó en una emboscada de unos indígenas agresivos. Se acabó el juego. Pero antes de que le mataran, Mungo se tiró al río que lo arrastró.

¿Se ahogó? La mayoría así lo creen. Aunque no todo el mundo. Durante años, llegaron rumores a Gran Bretaña de que un hombre alto, pelirrojo y que hablaba inglés vivía junto al Níger.

Y en cuanto a los de la Asociación Africana que habían metido al pobre Mungo en aquel lío, fueron sustituidos por el gobierno británico. Pero esto no les detuvo. Enviaron varias expediciones más para que siguieran los pasos de Mungo Park. En 1830, los dos hermanos Clapperton partieron hacia el Níger. La gente se burlaba de su modo de vestir: Túnicas color rojo, enormes calzones anchos y grandes sombreros de paja del tamaño de una piragua, pero los Clapperton rieron los últimos. A pesar de las críticas, consiguieron navegar río abajo hasta su misma desembocadura y al fin pusieron el río Níger en el mapa tal como era en la realidad (aunque sólo recibieron una recompensa de 100 libras por sus sufrimientos).

¡Aviso para la salud pública!

¡Olvida los indígenas agresivos y los hipopótamos! Son la menor de tus preocupaciones. Los problemas que aguardan a los exploradores son las terribles enfermedades mortales de los ríos, Aquí tienes tres casos interesantes; NO LEAS ESTE TROZO SI ERES APRENSIVO (O CASUALMENTE VAS REMANDO POR UN RÍO).

Enfermedades fluviales

1 Malaria

Síntomas: Fiebre altísima. Dolores de cabeza terribles, sudores y muerte. Especialmente grave en lugares calurosos y pantanosos.

La causa: El mosquito anófeles, transmisor de la malaria que pone sus huevos en la superficie de los ríos encalmados o estanques. Cuando nace, vive cerca del agua y, cuando tiene hambre, te pica, te chupa la sangre e inyecta parásitos mortales en tus venas: los plasmodium, unos parásitos sediento de sangre que viven a costa de otras criaturas. Repugnante.

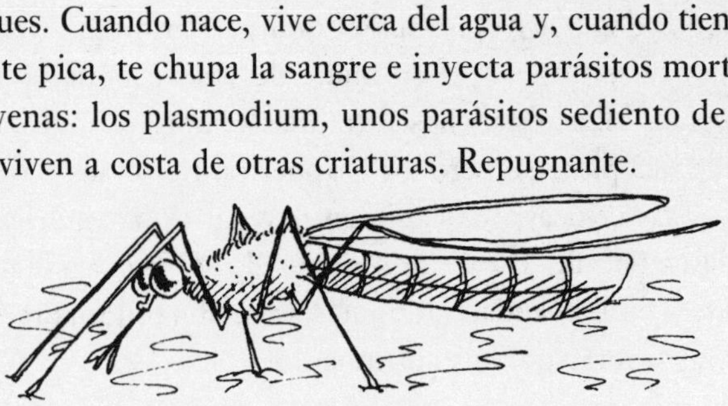

¿Algún remedio conocido? Una serie de píldoras de quinina acostumbran a dar resultado. Y naturalmente, en primer lugar, es preferible que no te piquen. Utiliza repelente de mosquitos, tápate (sobre todo al atardecer) y duerme con mosquitera. ¡Un antiguo remedio de los exploradores es cubrirse la cara de barro! Bueno, eso te puede distraer de otras cosas.

2 Ceguera fluvial

Síntomas: Gran escozor en la piel. Pérdida parcial de la visión y, en el peor de los casos, ceguera.

La causa: Moscas negras que viven en los ríos tropicales. Te pican y escupen diminutas larvas en la herida.

Dentro de ti crecen y se convierten en gusanos que ponen huevos que se convierten en millones de gusanos más. Esos gusanos mortales se instalan dentro de tu ojo y pueden dejarte ciego. Espantoso.

¿Algún remedio conocido? Una dosis de medicina al año por vía bucal puede prevenir la ceguera. Rociar con un atomizador los ríos donde se crían las moscas negras ayuda a controlar la enfermedad.

3 Bilharziosis

Síntomas: Gran escozor en la piel o erupción cutánea, fiebre, escalofríos, dolores y muerte. Puede afectar gravemente a tu hígado, intestinos, riñones y vejiga. ¡Vaya, por lo que se ve, nada grave!

La causa: Diminutas larvas de gusano. Viven en el interior de los caracoles de los ríos tropicales.

Luego las larvas cambian los caracoles por ti. Si estás en el río al mismo tiempo, las larvas pueden introducirse a través de tu piel y pasar a la sangre. Y allí ponen sus huevos. ¡Uf!

¿Algún remedio conocido? Sí, una simple inyección o una serie de pastillas.

¿Podrías cruzar el río?

¿Serías capaz de seguir los pasos de Mungo Park y convertirte en un explorador de ríos? Imagínate la escena: Has estado caminando kilómetros. Estás cansado, te duelen los pies, te han picado un millón de mosquitos y lo único que quieres es regresar a casa. Ves el camino que has de tomar, pero ¿sabes qué? ¡Está al otro lado del río!

¿Pero cómo diantres lo vas a cruzar? Decide cuál de estos métodos crees que sería mejor. Luego comprueba las respuestas en las páginas 126-130.

1 *Cruza en bote:* Es evidente, pero la cuestión es ¿qué clase de bote elegirías? Puedes elegir entre estas embarcaciones para ríos turbulentos:

2 *Construye un puente sobre el río:* La gente ha estado cruzando los ríos con puentes durante miles de años. Pero ¿de qué están hechos los puentes? ¿Cuál de estas respuestas es una tontería mayúscula?

a) Troncos viejos
b) Cuerdas viejas
c) Rocas viejas
d) Cabezas de viejos

3 *Excava un túnel por debajo:* Adelante, empieza a cavar. No es tan fácil como parece. Hay varios túneles por debajo del río Támesis en Inglaterra. El primero fue construido en 1842 por el ingeniero británico Marc Brunel. Fue el primer túnel submarino de la historia. En la actualidad pasa el metro por él.

4 *Cruza a nado:* Si eres un buen nadador, aspira el aire profundamente y sumérgete. Pero si tus pulmones te fallan, necesitarás ayuda. Si no te pueden ver desde la orilla, agárrate a algo que flote como un tronco. O haz como los antiguos asirios y agárrate a una vejiga de cerdo hinchada. Antes de zambullirte, esparce mucho repelente contra insectos.

5 *Salta con pértiga:* Si todo lo demás falla, siempre puedes coger carrerilla y saltar...

Respuestas:

1 Todas esas embarcaciones pueden utilizarse en ríos, pero depende del río que elijas. Para los ríos rápidos, las canoas van bien. Son ligeras, resistentes y fáciles de manejar. Pero cuidado con las corrientes demasiado fuertes. Antes de que te des cuenta te habrán arrastrado. Para cruzar el río, rema en diagonal y ligeramente hacia arriba, ¡CON FUERZA! Para los ríos caudalosos y concurridos, la falúa es ideal para sortear el tráfico. Fueron usadas en el Nilo desde los tiempos de los Antiguos Egipcios. Para los ríos profundos y anchos ¿por qué no subir a bordo de un junco chino, con tal que te sientas con fuerzas? Si el río está demasiado crecido o sin apenas caudal, tendrás que bajar a empujar. Pero si las corrientes son un problema necesitarás una embarcación con motor. Podrías usar una lancha motora, pero un clásico barco a vapor impresionaría a tus amistades. En otros tiempos se veían con frecuencia en el Mississippi, pero ahora se emplean únicamente para pasear turistas. ¿Te atreves a apostar? Algunos de estos barcos de vapor son a la vez casinos flotantes. Para ríos muy anchos, súbete a un transbordador. La mayoría de ríos lo tienen. Pero ve temprano. A menudo es el único medio de transporte y suelen ir abarrotados. Y por último, para los ríos con historia, el crucero es la elección idónea. Si quieres darte importancia ¿por qué no haces un crucero por el río Nilo? Podrás verlo todo sin abandonar tu tumbona.

2d) ¡Naturalmente que no se hacen puentes con cabezas humanas! La mayoría de los puentes de Londres que cruzan el río Támesis están hechos de piedra sólida. Pero también tenían una hilera de picas afiladas en cada extremo. Y adivina lo que había en la punta de las picas: sí, las cabezas de los traidores y criminales decapitados. ¡Repugnante!

Los puentes primitivos probablemente estaban hechos de troncos o piedras colocadas sobre el arroyo. Los puentes de cuerda solían utilizarse en la jungla y estaban hechos con sarmientos. Tenías que agarrarte con fuerza porque oscilaban mucho.

Sí, a menudo los puentes son el medio más rápido para cruzar un río, pero es preciso que elijas el tipo adecuado. ¿Eres tan valiente como para aprender a construir un puente?

Necesitarás:

- Unos troncos (de varios largos)
- Varias piedras
- Un río turbulento

Cómo debes hacerlo:

a) Coloca un tronco largo que llegue de un extremo al otro del río. ¡Enhorabuena! Has hecho un puente sencillo y es magnífico para atravesar un río estrecho.

b) Para un río más ancho, necesitarás un tronco más largo y más fuerte. De lo contrario se partirá por el centro cuando pases por encima.

c) En un río muy ancho, necesitarás colocar varios troncos largos de lado a lado. Primero pon montones de piedras en el agua para que los troncos descansen encima. Técnicamente esto se llama un malecón.

Nota: Si el río es muy profundo y ancho, olvida los puentes de troncos. Los troncos y malecones tendrían que ser inmensos. Lo que necesitas es un puente colgante. Es el puente que pende de largos cables de acero suspendidos de altas torres. Estos puentes pueden tener más de un kilómetro de largo. ¡Y es un trabajo para ingenieros especializados!

¡Aviso para la salud pública!

Acercarse a los ríos puede ser peligroso. Ten cuidado de no resbalar y caer. El agua puede ser más profunda de lo que crees y la corriente tan fuerte que podría arrastrarte.

3 Los túneles pueden ir bien, pero cuidado. Incluso para los expertos, los túneles submarinos son difíciles de construir. Como pasan por debajo de las rocas del lecho del río, sus techos y paredes pueden hundirse fácilmente. Brunel tuvo que diseñar una máquina especial que perforaba la roca y sostenía el techo mientras los obreros trabajaban. ¿Ingenioso, verdad? Sobre todo cuando sabemos que a Brunel se le ocurrió la idea mientras observaba a un molusco haciendo ese trabajo. Las máquinas modernas para la construcción de túneles se basan en la ingeniosa invención de Brunel.

4 Es una buena idea. Si sabes nadar, puedes dejar el cerdo. Y cuidado con las represas. Son pequeños diques construidos de un lado a otro del río que lo bloquean y forman un remanso profundo como un pequeño embalse. A menudo quedan ocultas bajo el agua, cosa que las hace doblemente peligrosas. Si cayeras por una represa serías absorbido por el remolino que se forma debajo y no podrías volver a salir. Son igual de peligrosas si vas en un bote pequeño.

5 Por extraño que te parezca estarías en buena compañía. Lo creas o no así es como empezó el deporte de salto con pértiga: se utilizaba para saltar por encima de los arroyos. Se puede hacer con facilidad si el río es estrecho, pero coge buena carrerilla si es ancho o, de lo contrario, vas a tener un aterrizaje muy húmedo.

Entonces, ¿qué es lo mejor? Bien, no hay respuestas acertadas o equivocadas ¡porque todos los ríos turbulentos son distintos!

Dato imprevisible

¿Y si el río es demasiado estrecho o poco profundo para que navegue un barco grande? ¡Pues lo haces más profundo y más ancho, naturalmente! Es lo que hicieron los ingenieros en el río San Lorenzo en Norteamérica. Y al final lo canalizaron. Ahora, los barcos pueden recorrer 3.769 km desde el océano Atlántico a los Grandes Lagos en sólo ocho días. El único inconveniente para este viaje fluvial es que en invierno el agua se hiela y eso los ingenieros no pueden remediarlo.

Tal vez pienses que las enfermedades mortales, las presas que ponen en peligro tu vida y las canoas que hacen agua son lo peor que los ríos te pueden ofrecer, pero estás muy equivocado. Hasta ahora, tu río se ha portado bien. Es cierto, pero las cosas van a cambiar. Prepárate para perder pie. Estás a punto de ver la otra cara del río. La que no has visto antes. Cuando la auténtica cólera del río va corriente abajo.

RÍOS ENFURECIDOS

Si crees que las cosas se ponen serias cuando tu profesor pierde los estribos, cuidado cuando un río se enfada. En un abrir y cerrar de ojos, el río puede cambiar por completo, de un arroyo manso a un torrente desbocado. Si esto le ocurre a un río cercano a ti, ¡apártate de su camino y deprisa! Cuando un río se desborda, causa grandes males y lo arrastra todo a su paso. ¡INCLUIDO A TI! Y lo que es peor, puede suceder en cualquier parte y en cualquier momento.

¿Qué diantres es una crecida?

¿Quieres saber lo que son las crecidas de un río, pero no te atreves a preguntar por miedo a mojarte? ¿Te preocupa cómo mantener la cabeza fuera del agua? Aquí está Trotamundos para lanzarte a lo más profundo.

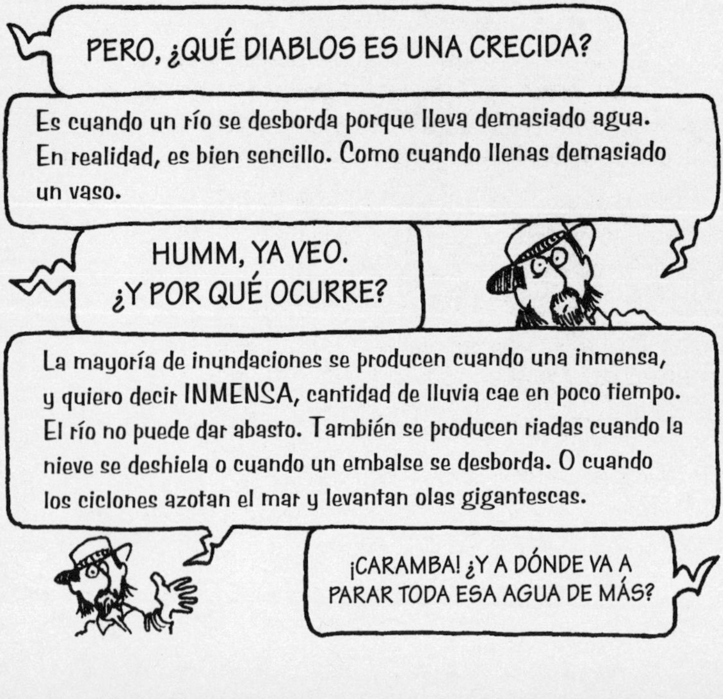

Inunda las orillas. Es el terreno llano que hay a ambos lados del río y que normalmente está seco. Puede tener sólo unos metros o cientos de kilómetros, y se compone de barro y arena que arroja el río.

¿POR QUÉ TODA ESA AGUA NO CALA EN EL SUELO? ENTONCES NO IMPORTARÍA QUE EL RÍO CRECIERA.

Bien pensado. Pero lamento decir que no es tan sencillo. Si la lluvia es muy intensa, el suelo no puede absorberla lo bastante aprisa y queda saturado de agua. Luego el resto pasa por encima.

¿Y LAS RIADAS SON SIEMPRE TAN PELIGROSAS?

Sí y no. Algunos ríos crecen cada año sin causar gran daño. Pero una riada importante puede ser fatal. Inunda campos y cosechas, arrastra edificios y causa millones de pérdidas. Y se cobra vidas humanas. De hecho, los desbordamientos importantes causan más daño y matan a más personas que otros desastres naturales. ¡Y esto es oficial! La peor riada que batió el récord tuvo lugar en 1931 cuando el río Huang-Ho en China inundó sus orillas causando la muerte a 4 millones de personas y dejando a 80 millones más sin hogar. Horrible.

¿Y POR QUÉ LA GENTE NO VIVE EN UN LUGAR MÁS SEGURO?

Millones de personas no tienen otra opción. Viven en países donde hay poco terreno donde escoger. Además, el suelo en las orillas es muy fértil y prefieren correr el riesgo.

¿QUÉ RÍOS DEBO EVITAR A TODA COSTA?

La mayor parte de ríos pueden volverse muy agresivos en ciertas circunstancias. Pero sin duda uno de los ríos de más riesgo es el Yang-Tse en China.

El Globo Terráqueo

2 de agosto de 1998, domingo. Hu-Nan, provincia del este de China

MILLONES DE PERSONAS ATERRORIZADAS MIENTRAS SUBE EL NIVEL DEL AGUA

Una semana después de que el Yang-Tse inundara sus orillas por tercera vez en dos meses, millones de chinos siguen en alerta. Hoy, el nivel del agua ya ha rebasado todos los récords anteriores y los aterrados aldeanos temen ser literalmente arrastrados.

El Yang-Tse ha estado creciendo desde la primavera, ejerciendo una enorme presión en el frágil sistema de diques o muros de contención que separan el río de los 200 millones de personas que viven a lo largo de sus orillas. Con el aumento de caudal la gente está muy asustada.

–Rezamos para que no ocurra el desastre –dijo un viejo aldeano a nuestro reportero–. Hemos aumentado con barro la altura de los muros que rodean nuestro pueblo, pero si los diques no resisten, cuando llegue la riada lo perderemos todo.

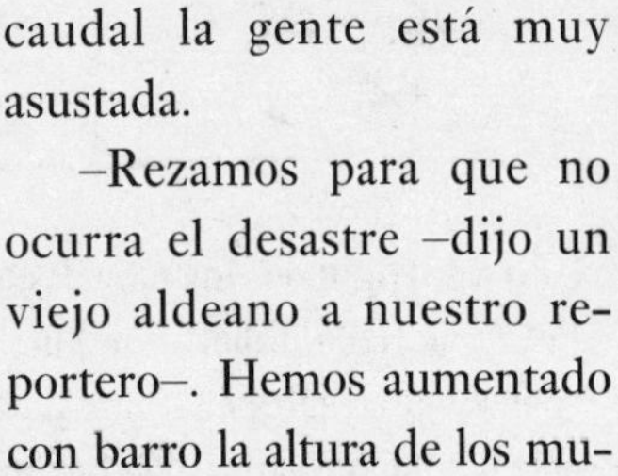

CONSTRUCTORES DE DIQUES

En otras partes de la región algunos diques ya han cedido y varios pueblos yacen bajo dos metros de agua. Este año las inundaciones se han cobrado ya 2.500 vidas –el número sigue subiendo– y han obligado a millones de aldeanos a abandonar sus casas. Algunos han permanecido durante días en los tejados de sus casas, observando impotentes la imparable subida de las aguas.

TEJADOS

Y ahora les amenaza un nuevo peligro. Los médicos advierten que está a punto de producirse el próximo desastre. En algunos lugares, las inundaciones han contaminado el agua potable, dejando a millones de personas expuestas al riesgo de enfermedades y diarreas. Pero trasladar a los enfermos al hospital no es tarea fácil.

–Vi que algunas personas eran llevadas al hospital en barca –dice un testigo–. Pero la planta baja del hospital estaba inundada. No sé cómo las habrán entrado.

¿Y quién tiene la culpa de este desastre? Ésta es una pregunta que se hace mucha gente. Cierto, el río ha estado desbordándose durante siglos, pero este verano las lluvias torrenciales han empeorado el problema. Algunos culpan al gobierno por no emplear dinero suficiente en reparar los diques. Si no actúan con presteza, los lugareños temen que algunas cosas se repitan una y otra vez.

–No tengo nada –nos dijo uno de los campesinos después de ver su casa, todas sus pertenencias y sus cosechas completamente arrasadas–. Tendré que volver a empezar de nuevo.

Y puede que ésta no sea la última vez.

Datos sobre ríos turbulentos

NOMBRE: Yang-Tse

SITUACIÓN: China

LONGITUD: 6.418 km

NACIMIENTO: Monte Gelandandong, Tibet

CUENCA: 1.683.500 km^2

DESEMBOCADURA: En el Mar de China Oriental (parte del océano Pacífico), cerca de Shanghai.

DATOS FLUVIALES:

- En China le llaman Chang Jiang o río Largo. La leyenda dice que fue excavado por una diosa.
- Es el tercer río del mundo en longitud después del Nilo y del Amazonas.
- Unas tres cuartas partes de todo el arroz que se cultiva en China crece en sus orillas.

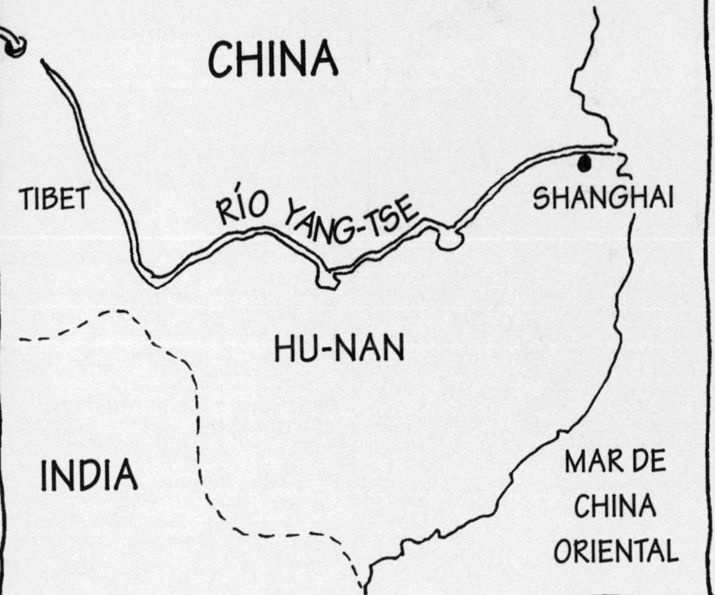

Dato escalofriante

La crecida del río Yang-Tse de 1998 fue lo que los horribles geógrafos llaman la inundación de los 100 años. ¿Pero qué diantres significa? Bien, las riadas se catalogan por la frecuencia en que pueden ocurrir. Cuando más frecuentes son, mejor. La riada de un año es probable que ocurra una vez al año y no cause muchos daños. Una inundación de 100 años significa que, cada año, hay una posibilidad entre 100 de que haga mucho daño. Y la hace terriblemente peligrosa. ¡Uf! Si eso te suena mal, imagínate el horror de los habitantes de Lynmouth, Inglaterra cuando una riada de 50.000 años arrasó su pueblo en 1952.

Por lo menos no habrá otra riada como ésa (¡por lo menos en ese río!) durante muchísimo tiempo.

¿Te gustaría ser hidrólogo de riadas?

Cuando un río está en plena crecida, los científicos no pueden hacer nada para impedirlo, pero sí tratan de averiguar cuándo habrá otra y en qué sitio. Si logran predecir dónde habrá una próxima riada pueden dar la alarma para que la gente se quite de su camino. Y no es sencillo, los riadas son muy volubles.

¿Tienes tú lo que se necesita para ser un hidrólogo de riadas? (Es el nombre técnico para designar a los científicos que estudian las crecidas de los ríos.)

DEMANDAS DE EMPLEO

¿Estás cansado de tener los pies en el suelo?
¿La vida te está volviendo loco?
¿Te imaginas un descenso por los rápidos?
¿Por qué no te unes a nuestro equipo de hidrólogos de primera?

- Ha de gustarte el aire libre y ser buen nadador.

- Tienes que dominar las matemáticas y saber hacer mapas (en especial cartas fluviales).

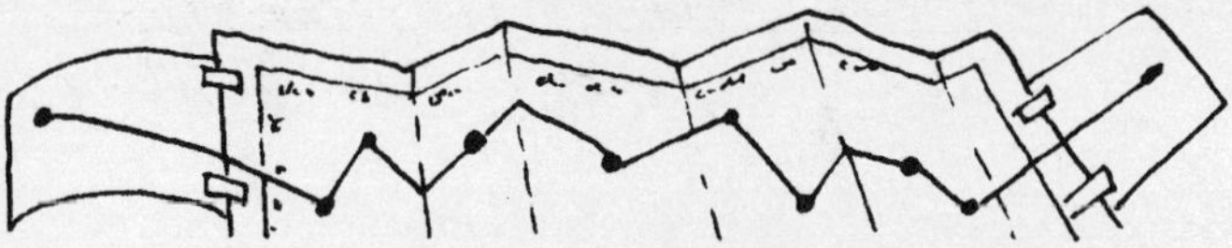

- No debe importarte mojarte los pies.

- Se te entrenará a fondo.

¿Te sigue interesando? Por qué no te acercas a un centro donde te informen?

Ríos turbulentos: La carrera en la que puedes triunfar.

Y aquí está Trotamundos para ponerte al corriente.

Trotamundos es (casi) un guía infalible para predecir las riadas

1 Conocer el río

Es necesario que estudies el río cuidadosamente para que conozcas todos sus meandros y recodos. Y lo más importante, has de ver cómo reacciona cuando llueve. Hazte estas dos preguntas:

a) ¿Cuánta lluvia está cayendo? No necesitas aparatos complicados para medir su intensidad. Puedes hacer un sencillo pluviómetro con un jarro de cocina graduado.

Pero los científicos serios también observan el cielo en busca de lluvia utilizando radares y satélites meteorológicos.

b) ¿Cuánto ha crecido el río? Los científicos estudian el nivel del río con un artilugio formidable llamado sensor de corriente. Un transmisor envía los datos a un ordenador.

c) Algunos hidrólogos de primera van más allá y construyen su propia maqueta de río completo con sus falsos meandros, orillas y corrientes. La utilizan para probar cómo reacciona el río y para ver cómo los diques y muros de contención resisten a las crecidas.

2 Hacer un gráfico del curso del río

A continuación introdúcelo todo en un ordenador. Éste realizará una serie de ecuaciones espeluznantes y pondrá los resultados en un gráfico. (Su nombre técnico es hidrografía). (Pero tú tendrás que comprobar si lo ha hecho bien y ahí es donde te ayudarán las matemáticas.) El gráfico mostrará cuánta lluvia admite el río, y lo que tardará en desbordarse. A partir de ahí podrás calcular las posibilidades de que se produzca una riada, y el tiempo que tendrás para salir de allí.

3 Dar la alarma

Si la lluvia es torrencial y el río crece con rapidez, ¡da la alarma por amor de Dios! En Gran Bretaña, los avisos de desbordamientos tienen un código de colores según el grado de riesgo.

- **Alarma amarilla**

  Riesgo de inundaciones en los terrenos bajos y carreteras cercanas a los ríos.

- **Alerta ámbar**

  Riesgo de inundaciones en casas aisladas y grandes zonas de cultivo próximas al río.

- **Alerta roja**
  Riesgo de inundaciones importantes en muchas propiedades, carreteras y grandes zonas de cultivo.

¿Ha sido acertado tu pronóstico? Claro que no lo sabrás con seguridad hasta que la riada haya pasado. El problema es que las crecidas de los ríos son casi impredecibles. No siempre se puede saber lo que harán a continuación. Para los ríos grandes como el Mississippi, puedes hacer un pronóstico con una semana de antelación, pero tendrás sólo unas pocas horas para escapar de una riada. (Se produce cuando el río crece con rapidez increíble después de una inusitada lluvia torrencial.)

Detener la crecida

¿Conoces el dicho: «Prevenir es mejor que curar»? Significa que es mejor evitar que tus dientes se llenen de caries dejando de comer demasiados dulces que tener que pasar después horas en el dentista. Se suele utilizar con las personas, pero lo mismo puede decirse de las riadas. Tal vez no se puede detener una riada, pero sí tomar precauciones para reducir los daños. ¿Cómo? Bien, en primer lugar, podrías:

• **Plantar árboles.** Aquí tienes los resultados:

1 Sus hojas atrapan la lluvia antes de que llegue al suelo. En un bosque, unas tres cuartas partes de la lluvia se absorbe de esta manera.

2 Sus raíces absorben el agua del suelo y también sostienen el terreno.

El problema es que las plantas y los árboles se arrancan para hacer leña o para despejar una huerta. Y esto significa que no hay nada que impida que la lluvia vaya a parar al río. La lluvia también arrastra cantidades de terreno suelto que luego eleva el lecho del río y facilita su desbordamiento.

• **Cambiar la forma del río.** Procurar hacer el río más recto, más ancho y más profundo. Da unos resultados maravillosos. Así al río le es más fácil avanzar y llegar al mar más deprisa sin desbordarse, pero para eso necesitas una excavadora especial llamada draga.

• **Cambiar el curso del río.** Construyendo una acequia o canal que desvíe el agua. También sirve para guardar el agua sobrante. Estas zanjas para desviar el agua se llaman aliviaderos.

• **Construir embalses.** Los embalses son muy útiles para regular el caudal. ¿Pero sirven de algo? A quién mejor para preguntárselo que a un par de aburridos hidrólogos? El único problema es encontrar a dos que estén de acuerdo en algo. Veamos a estos dos:

LOS EMBALSES SON FANTÁSTICOS PORQUE IMPIDEN QUE LOS RÍOS SE DESBORDEN, Y TODOS SABEMOS LO ÚTILES QUE SON Y ASEGURAN UNA RESERVA DE AGUA PARA BEBER Y PARA LA AGRICULTURA. Y GENERAN MUCHA ELECTRICIDAD LIMPIA Y ECONÓMICA. ¿QUÉ MÁS SE PUEDE PEDIR?
CONSTRUCTOR DE EMBALSES
LOS EMBALSES SON DESASTROSOS PORQUE OBLIGAN A MILLONES DE PERSONAS A ABANDONAR SUS CASAS E INUNDAN EL TERRENO BAJO TONELADAS DE AGUA. TAMBIÉN ACABAN CON LA FAUNA. Y DECIR ADIÓS A LAS CRECIDAS, ES DECIR, TAMBIÉN ADIÓS A LAS FÉRTILES RIBERAS Y DELTAS. ADEMÁS, LOS EMBALSES CUESTAN UNA FORTUNA. ¿Y QUÉ OCURRE SI UNO REVIENTA?
ANTI EMBALSES

¡Hablando de poner chinitas en el camino! Es difícil saber a quién hay que creer.

- **Construir muros de contención.** Uno de los medios más antiguos de impedir que los ríos se desborden es elevando el nivel de la orilla. Se puede hacer construyendo un muro o dique de cemento. ¿Pero da resultado? La respuesta es: unas veces sí y otras no. A lo largo del Mississippi, a los muros de contención se les llama *levees* (que en castellano significa «elevados»). Hay kilómetros de ellos a lo largo del río. Durante años han sido la medida más eficaz. Pero ¿qué ocurre cuando en un muro de contención se abre una grieta? Entonces las cosas van fatal, como verás en la terrible y verdadera historia de la página siguiente.

Datos sobre ríos turbulentos

NOMBRE: Mississippi
SITUACIÓN: Sureste de EE UU
LONGITUD: 3.780 km
NACIMIENTO: Lago Itasca, Minnesota, EE UU
CUENCA: 3.256.000 km^2
DESEMBOCADURA: Muere en el Golfo de México, golfo en el océano Atlántico, con un delta enorme.
DATOS FLUVIALES:

- Su afluente más largo, el Missouri, es en realidad 350 kilómetros más largo que el propio Mississippi. Los dos ríos confluyen cerca de St. Louis.
- Nueva Orleans está protegida por varios *levees* largos, lo cual está muy bien ¡porque la ciudad está más baja que el nivel del río!
- Entre sus apodos se incluyen el de *Old Man River* (El río del Viejo Amigo) y *Big Muddy* (El Gran Cenagoso).

LO QUE DIJO DE ÉL MARK TWAIN: «No se puede domar a este arroyo indomable».

Después de la gran riada, verano de 1993

Para millones de personas que viven a lo largo del Mississippi los desbordamientos están a la orden del día, pero parece que van mejorando. Han transcurrido 20 años desde la última gran riada. Con muros de contención más altos y reforzados, respaldados por nuevos embalses y aliviaderos, las inundaciones pertenecen al pasado.

Las nuevas medidas parecían haber dado buen resultado. ¿O no? Cierto que había sido un año muy húmedo con lluvias que batieron récords. Pero las riadas, si llegan, suelen hacerlo en primavera. En verano el río va de baja. Lo que ocurrió aquel verano cogió a todos por sorpresa.

De tanto llover sin interrupción, el Misisipí se convirtió en un río embravecido, multiplicando por seis su velocidad acostumbrada. En algunos puntos se elevó siete metros sobre su nivel normal como un torrente de agua marrón y barro.

Las nuevas medidas contra la riada fracasaron estrepitosamente. Sólo en el estado de Illinois, 17 *levees* se derrumbaron bajo la presión, incluida la que protegía la pequeña ciudad de Valmeyer.

Sus habitantes trabajaron contra reloj, llenando sacos de arena para luchar contra la corriente, pero, a pesar de todos sus esfuerzos, no pudieron contener la avalancha de agua que inundó la ciudad.

Por suerte, la población acababa de ser evacuada. Milagrosamente sólo murió una persona y nadie sufrió heridas graves. Todos comprendieron que pudo haber sido mucho peor.

Tres semanas después, sus habitantes pudieron regresar a sus casas para iniciar una limpieza masiva. Valmeyer se había convertido en una ciudad fantasma cubierta de agua y barro. Las ventanas estaban rotas, no había luz eléctrica y una espesa capa de barro lo cubría todo. Únicamente el zumbido de enormes enjambres de mosquitos rompía aquel silencio espectral.

–Es descorazonador –dijo un hombre mientras miraba su casa en ruinas–. He vivido aquí toda mi vida y ya no queda nada. Todo está cubierto de barro y moho, pero por lo menos nos tenemos los unos a los otros y, sin duda, los desastres unen a la gente.

Sólo cuatro casas quedaron en pie. Las demás eran ruinas inundadas. Sus únicos ocupantes eran ranas, cangrejos y serpientes venenosas. Todo el mundo tuvo que arrimar el hombro y comenzar de nuevo. (Y después de un segundo remojón en setiembre, esto es exactamente lo que sucedió: Toda la población se mudó en bloque a terrenos más altos y secos.)

La gran riada de 1993 fue el peor desastre natural de EE UU. Un área cuya superficie era como Inglaterra, quedó inundada y siete estados fueron declarados zona catastrófica. El agua causó pérdidas por valor de 10 mil millones de dólares, inundó 50 ciudades, destruyó 43.000 casas y dejó sin hogar a 70.000 personas. Millones de acres de cultivos quedaron arrasados. Sólo una cuarta parte de los *levees* quedaron enteros.

Dato escalofriante

Imagina una ciudad concurrida como Londres. Ahora imagínala bajo un metro de agua. Y esto sucedería si una marea alta penetrara por el río Támesis. Para evitar semejante desastre, se construyó una barrera a través del Támesis en 1984. Cuando hay marea alta, diez enormes verjas de acero surgen del lecho del río para formar un muro gigantesco. Ese muro artificial ha entrado en funciones más de treinta veces.

Los mejores consejos de Trotamundos contra las riadas

Si construir un embalse no está a tu alcance, o tus deberes de la escuela no te dejan tiempo suficiente, ¿qué diantres vas a hacer si una riada se cruza en tu camino? Trata de recordar estos básicos síes y noes con los que evitarás calarte hasta los huesos.

SÍ

- Permanece atento a los avisos de riadas que da la radio.

O si el tiempo apremia, escucha por si oyes la sirena. Algunos países tienen un servicio telefónico donde informan de las riadas, si logras llegar al teléfono...

- Apaga el gas y la electricidad. El agua y la electricidad son una mezcla explosiva. NUNCA toques aparatos eléctricos con las manos mojadas. Jamás. El agua es un fenomenal conductor de la electricidad, lo que significa que la electricidad pasa a través de ella con gran facilidad y podría producirte una descarga mortal.
- Almacena sacos de arena. Si te quedas en casa, bloquea puertas y ventanas con sacos de arena. Puedes comprarlos o hacerlos tú mismo rellenando con arena sacos de tejido fuerte.

• Sube al piso de arriba. Y lleva contigo a las demás personas, animales domésticos y objetos de valor para ponerlos fuera del alcance del agua.

• Recoge algunos alimentos. Lo mismo si te vas o te quedas, necesitarás víveres de emergencia para unos cuantos días. Reúne además mantas, ropa, agua, una linterna y varias pilas. Mételo todo en bolsas de plástico resistente para tenerlo a mano cuando lo necesites.

• Prepárate para abandonar tu casa. Si la riada es muy seria, tendrás que actuar deprisa. Dirígete a terrenos más elevados lejos del río. Mejor aún, vete a casa de unos amigos.

Una vez estés en el exterior...

NO

• No trates de cruzar cualquier corriente de agua a pie. Si el agua te supera los tobillos, da media vuelta y busca otra ruta. El agua puede ser más profunda de lo que aparenta y el terreno que oculta puede haber sido socavado.

• Intenta que te lleven en coche. Pero no por donde discurre la corriente. A menudo, las riadas tiene fuerza suficiente para arrastrar automóviles. Y los automóviles pueden convertirse rápidamente en trampas mortales si se hunden. Cuando el agua llega a las ventanillas, la presión del agua será demasiado fuerte y te impedirá abrir la portezuela. Si tienes que salir, abre las ventanillas antes de intentarlo. Eso neutralizará la presión exterior y la interior del coche.

- No bebas agua de la riada por mucha sed que tengas. El agua de la corriente está sucia: con el barro, arrastra desperdicios, escombros e incluso aguas residuales.

- No acampes cerca del cauce de un río, ¡unque esté seco! Podría llenarse en pocos segundos y arrastrarte.

- No intentes nunca correr más que el agua. Por más deprisa que corras, el agua te alcanzará en seguida.

Tal vez pienses que pasar toda la vida estudiando el agua puede reblandecer terriblemente el cerebro del hidrólogo. Pero estos empapados científicos no se mojan tanto como parece. Se exprimen el cerebro intentando predecir las riadas con más precisión. Lo bueno es que cada vez son más rápidos en detectar las señales de alerta y en trasladar a la gente para apartarla del peligro. Lo malo es que los pronósticos nunca son exactos. No son un portento de precisión. ¿Por qué? Pues porque las riadas son demasiado impredecibles.

RÍOS CONTAMINADOS

A nadie le importa ensuciar los ríos. Después de todo lo que han hecho por nosotros, ¿qué les damos a cambio? La triste respuesta es: ensuciarlos. Los horribles humanos han ensuciado tanto algunos ríos ¡que han sido declarados oficialmente MUERTOS! (Los ríos, no los humanos.) Aunque si bebieras agua de uno de ellos pronto lo estarías también.) ¿Y por qué diantres está el agua dulce tan sucia? ¿Por qué...?

Haz tu propia sopa de río rancio

Necesitarás:

- Apestosas aguas residuales (por lo general son tratadas en una depuradora para que estén lo bastante limpias para lanzarlas al río, pero en algunos lugares van... ¡tal cual!)
- Residuos tóxicos de las fábricas (puede ser agua sucia o metales y productos tóxicos).
- Fertilizantes y pesticidas (de los campos de cultivo).

Cómo debes hacerlo:

1 Echa todos los ingredientes al río y deja que se pudran.

2 Esparce por encima unas cuantas botellas y latas vacías.

3 ¡Y ahora ofrece un buen plato a tu profesor!

¡AVISO PARA LA SALUD PÚBLICA!
Tragarse una sola cucharada de sopa de río rancio podría dañar seriamente la salud de tu profesor. Nosotros damos por hecho que el agua está limpia, pero la de los ríos puede estar poblada de gérmenes nocivos, sobre todo cuando los humanos arrojan en ellos toda clase de desperdicios y aguas residuales. Y no sólo somos los humanos los que corremos peligro. La polución de los ríos mata a cientos de plantas y animales. Por ejemplo, al rarísimo delfín del río Yang-Tse. La contaminación los ha dejado al borde de la extinción. Pero ése no es el único problema. Los delfines se guían por el oído para desplazarse. Sin embargo, en el río hay tanto tráfico que el ruido priva que los delfines pueden desplazarse a sus anchas y muchos de ellos mueren al chocar contra las embarcaciones.

Datos sobre ríos turbulentos

NOMBRE: Ganges
SITUACIÓN: India y Bangladesh
LONGITUD: 2.510 km
NACIMIENTO: El glaciar Gangotri, en el Himalaya
DESEMBOCADURA: Desemboca en el en el golfo de Bengala, océano Índico.
CUENCA: 975.900 km^2
DATOS FLUVIALES:

- Se une al río Brahmaputra en Bangladesh y su desembocadura forma el delta más grande del mundo.
- Un enorme pantano de manglares se extiende a lo largo del delta. En él viven cocodrilos y tigres devoradores de hombres.
- Cerca de medio billón de personas viven en sus riberas.

Limpieza del Ganges

Para los millones de personas que viven a lo largo del Ganges, el río es a la vez suministro de agua y vertedero. Allí no tienen dinero para depuradoras sofisticadas, de modo que cada día millones de litros de apestosas aguas residuales y mortíferos productos químicos van a parar directamente al río. Y eso no es todo.

Mucha gente cree que el Ganges es sagrado y que bañarse en sus aguas les limpia de sus pecados. Y también otros van al río a morir. Sus cuerpos son incinerados y luego sus cenizas arrojadas al agua. Algunas veces también se arrojan los cadáveres. Cadáveres de animales y de personas. A ti podrá parecerte macabro, pero para los lugareños es muy importante. El problema es que no le hace mucho bien al río. Parte del Ganges está tan contaminado que pone en peligro la salud.

En 1985, las cosas estaban tan mal que se puso en marcha una campaña para su limpieza masiva. Parte del plan era construir cientos de plantas de tratamiento de las aguas residuales. (Aviso: es necesario que tengas muy buen estómago para lo que viene a continuación.) Otra parte del plan era llenar el río de tortugas. Sí, tortugas carnívoras para que se comieran a los muertos. Asqueroso pero genial.

¿Pero ha dado resultado? ¿El Ganges deslumbra ahora por su limpieza? Bueno, no exactamente, pero desde luego está más limpio, aunque no se sabe exactamente hasta qué punto se debe a las tortugas.

Dato escalofriante

En 1858, el olor del río Támesis era tan insoportable que los miembros del Parlamento inglés en Londres casi no podían trabajar junto a él. Ellos lo bautizaron como el Gran Apestoso. Gracias a Dios su fragancia ha mejorado.

Flores fragantes

Pero no todo son calamidades. Lo bueno es que la gente intenta formalmente mejorar su comportamiento. En muchos ríos ya han entrado en acción. ¿Recuerdas al apestoso Rin? Durante años fue conocido como «el vertedero de Europa». Pues bien, ahora las cosas van mejor. El río estaba bien provisto de salmones sólo hace unos 50 años. (El salmón es muy sensible a la polución.) El objetivo es hacer que los salmones vuelvan a nadar en él dentro de pocos años. Y hay reglas estrictas para que esto suceda.

Lo que es verdaderamente una buena noticia para todos los ríos turbulentos del mundo y para ti es que dentro de poco volverás a la orilla del río con un refresco y una caña de pescar en las manos sin ningún peligro a la vista.

Si sigues interesado en el tema y quieres saber más sobre él, aquí tienes algunos lugares que puedes visitar en Internet:

http://www.amrivers.org/
Primera organización en Norteamérica para la conservación de los ríos.

http://www.cis.umassd.edu/~gleung/
El río Amarillo, el más largo de China, tiene su propia sede web.

http://www.irn.org/
Red Fluvial Internacional que trabaja para detener el deterioro de los ríos.

http://www.highway 57.co.uk/tbvc
El muro del Támesis, es el mayor dique fluvial móvil del mundo.

http://www.nps:gov/yose/note3.htm
Un libro con ilustraciones del salto de agua del Parque Nacional de Yosemite, California.

http://www.amazonthefilm.com/
La sede oficial del río Amazonas con fotos, un cuestionario e incluso un documental.